슬기로운 수학 생각

슬기로운 수학 생각

발행일	2020년 10월 8일

지은이	장경환		
펴낸이	손형국		
펴낸곳	(주)북랩		
편집인	선일영	편집	정두철, 윤성아, 최승헌, 이예지, 최예원
디자인	이현수, 한수희, 김민하, 김윤주, 허지혜	제작	박기성, 황동현, 구성우, 권태련
마케팅	김회란, 박진관, 장은별		
출판등록	2004. 12. 1(제2012-000051호)		
주소	서울특별시 금천구 가산디지털 1로 168, 우림라이온스밸리 B동 B113~114호, C동 B101호		
홈페이지	www.book.co.kr		
전화번호	(02)2026-5777	팩스	(02)2026-5747

ISBN	979-11-6539-412-7 03410 (종이책)	979-11-6539-413-4 05410 (전자책)

이 도서는 '충청북도교육도서관'의 지원을 받아 제작되었습니다.

이 도서의 국립중앙도서관 출판예정도서목록(CIP)은 서지정보유통지원시스템 홈페이지(http://seoji.nl.go.kr)와
국가자료공동목록시스템(http://www.nl.go.kr/kolisnet)에서 이용하실 수 있습니다.
(CIP제어번호: CIP2020040917)

장경환 지음

슬기로운 수학 생각

교과서로만 배우던 수학이 놀이가 된다!
학생과 교사가 함께 읽는 눈높이 수학책

북랩 **book** Lab

서문

수학교사 성장 이야기

나는 일반계 고등학교 수학 교사다. 하지만, 스스로 수학 교사를 해도 되나 싶을 정도로 배워야 할 것이 너무나 많고, 성장이 더 필요한 교사라고 생각하고 있다. 대학교에서는 천둥벌거숭이의 철부지였다. 내가 수학 교사가 된다는 상상 자체를 할 수가 없었고, 잘 할 수 있을지에 대해 의심을 하고 있었다. 그러다가 정말로 수학 교사가 되었다. 지금도 내가 잘하고 있는지 스스로 끊임없이 질문을 던진다. 내가 방황하고, 고민하는 이유는 노력하고 있기 때문이라고 위로를 해보지만, 언제나 아쉬움이 많다. 결과가 좋아야 과정이 빛날 수 있는데, 좋은 결과가 나오지 않아서 아쉽고, 방황이 길어지고 있다.

되돌아보면, 2013년 정도까지 강의식 수업을 할 때는 부딪힘이 거의 없었던 것 같은데, 이후, 수업에 다양한 변화를 시도하면서 문제가 생기기 시작했다. 거꾸로 수업, 하브루타, 프로젝트 학습 등으로 수업을 재미있고, 역동적으로 할 수 있다는 말에 현혹되어 나에게 맞지도 않는 옷을 입고 학생들을 나와 함께 진흙탕으로 끌어들인 것은 아닌가 하는 생각이 든다. 게다가 지금이라면 불가능하지만, 그때는 혼내고, 강제로 시키고, 화냈던 부끄러운 과거가 많다.

수학 교사 초기에는 교사로서의 전문성이 개념설명 잘하고, 문제풀이를 척척 해내는 교사라고 생각했다. 학생의 어떤 질문에도 꼼꼼하고 친절히 설명해주는 교사가 최고라고 생각했다. 학생보다 더 많은 문제집을 풀어보고, 매해 EBSi와 인터넷 유료 강의들을 내 돈 주고 들으면서 공부했다. 다양한 자료를 찾아보며 수업 준비를 했고, 강의식 수업을 진행하면서 학생들이 내 수업에 빠져드는 모습을 보고 잘하고 있다고 생각하기도 했다. 해마다 인터넷 유료강의와 EBSi 온라인 강의, 각종 문제집을 풀어보면서 더 좋은 풀이, 다양한 방법에 관해 연구하는 것이 교사의 전문성 중 1순위라고 생각했다.

하지만, 문제점을 발견하는 데에는 그리 오랜 시간이 걸리지 않았다. 수학의 아름다움이나 가치에 대해, 수학 교사인 나 스스로가 제대로 이해하고 있지 않았기 때문에 학생들에게 전달해 줄 수 없다는 걸 깨달았다. 일상생활과 다양한 학문 영역 속에서 수학의 가치를 배우고, 아름다움을 찾아내는 연구 활동이 교사의 전문성을 키우는 데 필요하다는 것을 나중에야 알았다. 졸업한 학생이 나에게 찾아와서, "선생님 덕분에 좋은 대학 갈 수 있었어요. 선생님 문제 풀이 해설은 최고예요."라는 말을 들었을 때, 부끄러운 마음이 드는 교사가 된 지금이 과거의 모습보다 어렵지만 행복하다. 지금은 "선생님 덕분에 수학이 좋아졌고, 재밌었어요."라는 말을 들었을 때, 가장 행복하다. 이런 말을 듣기에는 내가 너무 부족한 교사다. 예전보다 방황하고 고민하는 시간이 많아졌지만, 이 방향이 맞는다는 생각으로 도전하고 있다.

두 번째 문제점은 수학의 문제 풀이는 수학 시간에 배워야 하는 열 가지 중 한 가지일 뿐이라는 점이다. 수학 시간에 문제 풀이 중심으로 강조하고, 이것이 옳다고 믿으며 내가 가진 가치를 강요하고, 학생이라면 누구나 다 해야 한다고 믿었던 시간을 반성하게 된다. 돌아보면, 수학 시간에 인성, 독서, 예술, 융합 교육을 이야기하는 교사가 되어야 한다는 것을 깨달을 때까지 많은 학생에게 피해를 주었다. 내가 변하게 된 계기는 수학 교사 연구회 활동이 활발해지면서부터다. 교육 철학과 가치관, 삶의 태도 등이 서서히 좋은 방향으로 변할 수 있었다. 학생과 수학이라는 학문의 가치에 대해 이야기 할 수 있는 교사로 바뀌었다. 달라지기 이전의 내 모습은, 인공지능이 대체하기 가장 쉬운 교사의 모습이었다.

수학이라는 학문의 내용을 더 풍성하게 다룰 수 있는 방법을 찾다가 공부하게 된 것이 공학 소프트웨어다.

수학 교사로서 방황하던 중에 2009년경, 지오지브라를 만났다. 그리고, 최근까지 활발히 사용했다. 요즘에는 알지오매스가 개발되어 보급되면서 알지오매스로도 코딩을 지도하고 있다. 공학 도구들은 수학 수업의 가치를 높일 수 있는 도구이자, 탐구하고 생각을 성장시킬 수 있는 아주 유용하고 매력적인 도구라고 생각하고 있다. 공학 도구를 사용하고부터 학생과 소통할 수 있는 더 많은 아이디어가 생겼고, 창의력을 발휘할 수 있는 여지가 커져서 좋았다. 어떤 소프트웨어를 사용하는지가 중요하다고 생각하지는 않는다. 2000년대에 GSP, 2010년부터 2019년까지 지오지브라, 그리고 2018년부터 언제까지 사용하게 될지 모를 알지오매스, 프로그램은 계속 발전하고, 더 좋은 도구가 나오는 것에서 기쁨을 느끼고 있다. 이런 공학 도구의 도움으로 수업 내용을 조금 더 깊이 있게 다룰 수 있고, 정적인 학습에서 동적인 학습으로 구현할 수 있다는 부분에서 매력을 느끼고 있다. 칠판에 그림을 그려서 설명하는 데 한계를 느꼈던 내용이 움직이는 상황에서의 변화를 쉽게 보여줄 수 있게 됐다. 게다가, 수학자가 아니어도 학생이 스스로 실행해보고 조작해 보는 과정에서 다양한 성질을 발견할 수도 있다.

하지만, 어려운 점도 있다. 공학 도구를 이용해서 학생과 함께 조작해 보고, 탐구해 볼 수 있다는 상상은 나만의 생각이었다. 요즘 학생들은 인스턴트식 지식 편식에 익숙한 편이다. 슬로우푸드인 수학은 섭취하기에 불편할 수 있다. 다행히 고교학점제의 도입으로 과거와 다른 편식형 교육과정 운영이 가능해지고 있지만, 아직 갈 길이 멀다. 수업 시간에 수능이나 내신에 도움이 될 만한 문제 풀이가 아닌, 조작해서 생각해보고, 스스로 만들거나, 탐구해보는 활동은 점수화되지 않는다면, 학생들의 관심사가 되기 힘들다. 학창 시절의 수학은 대다수 학생에게 밴드 활동 같은 취미가 되기 어렵다. 다양한 방식으로 쉽게 지식을 얻을 수 있다는 것은 학습자 스스로 어렵게 탐구하지 않아도 여러 경로를 통해 원하는 지식을 얻을 수 있다는 말이기도 하다. 검색하면 뚝딱인 세상에서 어렵게 의미를 탐구하려는 학습자는 드물다. 교실에서 대면해서 이야기하는 현실보다 SNS를 통해 소통하는 방식이 익숙한 학생도 있으며, 컴퓨터 하나만 하고 싶어 하는 학생도 있다. 학생들의 현재 모습은 피곤, 게임, 급식, 휴대 전화, 그리고 대학이다. 대학에 가기만 하면, 현재의 학습은 과정일 뿐, 상당 부분이 필요 없다고 생각하는 학생도 있다. 어려운 건 알지만, 수학이라는 학문 자체를 사랑하고, 스스로 성장할 수 있도록 천천히, 기다려줄 수 있는 수학(교사)이 되고 싶다. 내가 사랑하는 수학은 학문으로서도 소중하지만, 하나의 생명처럼 생각되곤 한다.

'삶을 위한 교육이란 게 뭘까?'를 종종 생각해본다. 학생들이 살아가면서 써먹을 지식을 이미 생각한 사람이 있었다. 아인슈타인은 "학교를 졸업하고도 남는 게 교육이다."라는 말을 남겼다. 우리가 학교에서 가르치는 학문과 경험들이 졸업하고 난 후, '삶을 살아갈 수 있도록 도와주고 있는가?'를 생각해보면, 극히 일부만이 그렇다고 대답할 수밖에 없다.

삶은 종이 위에서 펼쳐지지 않기 때문이다.

'나는 뭐 잘한 게 있을까?' 수학 과목 하나라도 잘 가르치기라도 했다면 좋았을 텐데, 갈지자로 걸어온 발자국을 뒤돌아봤을 때, 만들어지지 않은 길 위에 발자국만 남았다는 아쉬움이 많다.

내 생각을 적는 책에서 문장을 끝맺을 때마다, '~라고 생각한다.'를 쓰는 것은 어색하다고 생각했다. 그래서 문장의 끝이 주장하는 듯하거나 강해 보일 수 있다. 하지만, 이것은 내 의도와 다름을 밝히고 싶다.

2020년 10월

장경환

책 소개

이 책에 실린 내용은 학교에서 수업 시간이나 동아리 시간에 학생들과 같이 생각해봤던 주제들에 관해 이야기하고 있다. 특별히 어려운 전문 서적이나 자료에서 가져오기보다는 수업 진행에서 학생들에게 더 잘 알려주고 싶었던 교사로서의 고민과 생각, 그리고 이것을 받아들였던 학생들의 이야기를 담고 싶었다. 최대한 누구나 이해하기 쉽게 쓰기 위해서 자세하게 표현하려고 했고, 생각의 과정들을 있는 그대로 서술하기 위해 노력했다. 수학이라기보다는 수필처럼 쓰고 싶었다. 정보를 전달한다거나, '이런 것도 있으니 활용해보세요'가 아니라, 수학을 가지고 놀아보는 경험에 관한 이야기를 담은 글이다. 의도가 더 잘 되었으면 하는 바람을 적었고, 잘 전달되기를 바란다. 논리적 증명이나 이론을 소개하는 게 아니라, 학교에서 가르칠 수 있는 다양한 소재를 생각한 방식에 관해서 이야기해보고 싶었기 때문이다. 생각의 방식을 전달하기 위해 이야기하듯이 서술하기도 했다.

이 책을 읽으면서 수학의 엄밀한 표기나 논리를 따진다면, 글의 의

도와 아주 다를 수 있다는 점을 얘기하고 싶다. 예를 들어, 대학 수학 이상의 적분공식을 이용하거나, 현수선을 다루면서 쌍곡선코사인함수를 언급하거나 다루지는 않는다. 어쩌면 '1+1=2'라는 당연한 사실에 대해 굳이 돌아가고 있는 불편한 상황에 마주하게 될지도 모르겠다. 버트런드 러셀은 1+1=2를 증명하기 위해 350쪽 분량의 책을 펴냈다고 하는데, 이 책이 증명은 아니지만, 어쩌면 1+1=2와 같이 당연한 이야기를 당연하지 않은 것처럼 이야기하는, 불편하거나 비합리적으로 보이는 생각일 수 있다. 그래서 더 재밌는 소재가 될 수 있지 않을까? 라고 생각했다.

'과연 이 책이 제대로 된 수학책이라고 할 수 있을까?'라는 생각을 하면서 글을 썼다. 처음에는 작성하고 보니, 수식을 이용해서 설명하려는 내 모습을 자주 보게 됐다. 그래서, 과감히 삭제하고, 처음 의도와 다르게 수식을 넣어서 이해시켜보려고 하는 직업병을 최대한 참으려고 노력했고, 차라리 혼잣말이나 토크처럼 이야기할 수 있다면 좋겠다고 생각했다. 그리고 여기 나오는 내용이 어디에서 어떻게 왔는지 일일이 기억나지 않아서 고민이었다. 어찌어찌하다 보니 혼자서 알게 된 것과 여차여차해서 주위들은 이야기들이 섞여서 머릿속에서 나오는 것과 수업 시간에 잡담처럼 나누었던 이야기들을 글로 작성했다. 나 같은 조무래기 수학 교사가 대단한 무엇이든 발견했을 리 없고, 다만, 기존의 지식을 어떻게 이야기해야 하는지에 대한 고민이 녹아있다.

어쭙잖게 줍거나 발견한 지식을 나 혼자만의 이야기로 풀어낼 때라면 검증이 필요 없겠지만, 학생들과 이야기하려면 반드시 논문을 통해서 검증하는 과정이 필요했다. 하지만, 논문자료를 통해 확인된 지식인지 아닌지에 중점을 두지 않았으면 좋겠다. 반대의 상황도 있는데, 교생실습 때 생긴 실수를 얘기해보자면, 중학생이 "평행선은 안 만나나요?"라는 질문에 "만날 수도 있고, 안 만날 수도 있다."는 지금 생각하면 매우 땀 나는 답변을 해서 학생들을 혼란에 빠뜨린 적도 있다. 수업 시간에 이야기하는 것은 매우 조심스럽다. 하지만, 이 책에서 이야기를 풀어낼 때는 조금 긴장을 늦추고, 혼잣말하듯이 가볍게 생각을 다뤘다는 점을 이해해주기 바란다.

이 책은 충청북도교육도서관 박병희 교육연구사님의 도움으로 만들 수 있었다. 제작비를 지원해 주시고, 책 만드는 방법을 알려주시는 수고로움을 기꺼이 해주셨다. 2년 전에 한 회사의 글쓰기 행사에 응모해서 받은 1등 상금으로 우리 가족은 처음으로 하와이 해외여행을 갈 수 있었다. 그때, 아내가 엄청 행복해했다. 고3 담임으로서 바쁨에도 글을 쓰고, 연구 활동에 전념할 수 있도록 기꺼이 지원해주고 있는 내 사랑스러운 아내 김경숙, 당신이 있기에 이 책이 나왔다고 고마움을 남긴다.

목차

[제1장 ✱ 수학의 필요에 대한 현실적 이야기]

[제2장 ✱ 컴퓨터를 이용하는 수학]

COS X

[　제5장 ✳ **합리적인 생각과 통찰**　]

[　제6장 ✳ **니가 왜 여기서 나와?**　]

수학의 필요에 대한 현실적 이야기

수학은 생각하는 힘을 기르고, 현상을 해석하는 눈을 제공하는 학문 분야 중 하나라고 생각한다. 수학이 단순히 계산이나 하는 학문이라는 인식에 대한 오해가 있다면, 그것은 마치 불교의 열반경에 나오는 '맹인모상(盲人摸象)' 우화처럼 장님이 코끼리 일부만 만져보고 코끼리를 단정 지어 버리는 우매한 주장일 수 있다.

> "논리라는 건 어떤 실체로부터 나오는 것입니다. 논리만으로 실체를 만들 수 없습니다. 순전히 논리적인 개념으로부터 수학을 만들어간다는 생각은 그릇된 관점입니다. 논리적이지 않은 수학도 있거든요. 수학을 논리로 정리하기 전까지 많은 단계가 있습니다. 굉장히 많은 사례, 구체적인 사례를 정리하는 과정에서 논리가 필요한 것이지, 처음부터 논리에서 수학을 만들어가는 게 아니라는 반론을 할 수 있죠."
> "추상적인 개념적 도구를 사용해 세상을 체계적으로, 또 정밀하게 설명하려는 의도가 수학이라고 할 수도 있겠습니다."
>
> – 『수학이 필요한 순간』, 김민형, p.26-39

수학의 필요나 쓸모를 생각하기 전에 김민형 교수님이 이야기하는 경험을 수학 시간에 하고 있는가를 물어야 한다.

학생들이 배우는 수학 장면은 문제 풀고, 답을 내는 활동이 대부분이다. 학생들이 열심히 풀이하는 문제집에서는 수학을 배우는 이유에 대한 답을 찾기 어렵다. 문제집은 풀이의 숙달과 연습에 초점이 맞춰져 있다. 문제집은 사고를 확장하기 위함이 아니라, 정해진 답을 찾아가는 알고리즘의 연습이 목적이다. 좋은 점수를 얻기 위한 과도한 연습과 숙달이 수학을 왜곡하고 있다. 알 화리즈미(페르시아의 수학자)가 생각했던 알고리즘은 수학의 편리성을 확장하기 위한 수단일 텐데, 학생들이 하는 알고리즘 연습은 인생을 낭비하고 있다는 생각마저 들게 한다. 수학능력시험에 나오는 문제를 풀어내는 능력도 필요하지만, 그것만 강조하는 수학은 많은 부분을 잃게 한다. 지필 평가로는 학생이 수학을 어떻게 생각하는지에 관한 마음을 담을 수 없다. 수학을 지도하면서 관련 역사와 문화, 개념이 활용되는 수학 분야를 소개하는 것만으로도 학생들에게서 수학이 왜 필요하냐는 질문을 상당수 줄일 수 있다. 반면에, 수학의 실생활 활용 측면을 너무 강조해서 이야기하는 것은 수학의 본질을 흐릴 수도 있다. 수학이 실생활의 거의 모든 곳에 녹아있다고 이야기해도 과장이 아닐 수 있지만, 오로지 실생활을 위해 수학이 필요하거나 존재하는 것은 아니다. 책상이나 교과서가 황금비로 만들어졌다고 표현하는 것이 맞는 이야기인지 생각해봐야 한다. 자연현상에서 프랙탈을 관측한 것을, 자연 현상이 프랙탈 구조를 따른다고 이야기하는 것은 자연의 규칙성이나 자유의지를 이해하지 못하는 상황일 수 있다. 수학은 현실 너머의 세계를 이해하고, 추상하고, 생각할 뿐이다.

수학을 흥미롭게 접근하는 방법으로, 황금비와 함께 실리는 그리스

파르테논 신전 사진을 보고, 구글어스로 방문해보고, 스트리트뷰를 통해서 거리를 걸어보는 것도 좋겠다.[1] 다음 사진들은 구글어스에서 얻어온 이미지다.

미적분에서 도함수의 활용을 처음 배우기 시작할 때였다. 페르마의

---

1) 구글 어스(https://earth.google.com/web)에서 캡쳐한 파르테논신전이며, 황금비가 아니라는 주장이 있다.

법칙이 관련 자료로 소개됐다. 빛은 이동 시간을 최소화하는 경로로 진행하며, 물속에 있는 물체는 굽어보이거나 실제 깊이와 달라 보인다는 내용을 소개하면서 이러한 빛의 경로를 파악하는 데 미분을 활용한다고 소개한다.

이 이야기 속에서, 접선을 배워야 하는 이유가 와닿지 않았다. 접선을 배우려고 하는데, 왜 물리나 과학 시간에 나와야 하는 굴절과 관련된 빛의 운동이 등장하는 걸까? 그래서 이런 문구나 수학자가 소개될 때마다 공부해서 학생들에게 이야기해 준다.

우선 페르마의 원리부터 위키백과[2]를 이용해서 하나씩 이해해 보자.

> 페르마의 원리는 빛이 최단 시간으로 이동할 수 있는 경로를 택한다는 것이고, 이 법칙으로 스넬의 법칙을 설명할 수 있으며, 하위헌스의 원리나 양자전기역학으로 이 원리를 유도할 수 있다.

여기서 스넬의 법칙은 굴절의 법칙을 말한다. 물이 담긴 유리잔에 젓가락을 담그면 젓가락이 휘어 보이는 현상도 스넬의 법칙으로 설명된다. 빛은 매질에 따라 속도가 달라지는데, 이를 계산한 값이 굴절률이다. 굴절률은

$$\frac{\text{진공에서 빛의 속도}}{\text{매질에서 빛의 속도}}$$

---

2) 위키백과의 전문성, 정확성에 대한 비판은 고려하지 않겠다.

로 계산한다. 즉, 굴절률 수치가 커질수록 매질 내에서의 속도가 느리다는 것이고, 굴절률 수치가 작을수록 매질 내에서의 속도가 빠르다는 것이다. 예를 들어, 굴절률 수치가 1.5인 매질 A, 2.5인 매질 B를 비교하면, 매질 B보다 상대적으로 매질 A에서 빛의 속도가 빠르다는 것이다. 스넬의 법칙(굴절의 법칙)은 입사각 α와 굴절각 β사이의 관계를 다룬 법칙이다. 아래 그림처럼 굴절률이 각각 n_1, n_2인 매질이 있을 때, $n_1\sin\alpha = n_2\sin\beta$가 성립한다.

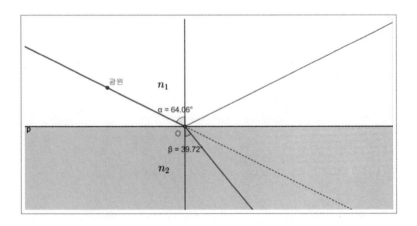

하위헌스(호이겐스)의 원리는 빛이 가지는 파동성에 근거해서 빛이 어떻게 전파해 나가는지를 설명하는 원리다. 빛이 어떤 점에서 나갈 때, 일정 시간 뒤에 파동과 같은 면을 그리게 되는데, 이 선을 포락선이라고 하고, 이 포락선의 모든 점에서 다시 빛이 나간다고 설명한다.

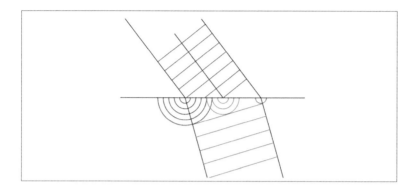

　여기서 눈에 띄는 그림과 용어가 나온다. 파장 면들의 접선들과 포락선이라는 용어가 나온다. 이제 궁금증이 풀린다. 수학에서 포락선은 이차곡선이나 스트링아트와 관련이 있다. 요즘 지역마다 수학체험전이 열리는데 거의 빠지지 않고 등장하는 체험이 스트링아트다. 스트링아트는 수학의 포락선에 대한 체험학습이라고 할 수 있다. 스트링아트 체험공간에서는 다양한 모양의 바늘구멍 모양을 두고, 실로 직선들을 연결해 나가다 보면, 예쁜 곡선 모양이 나온다.

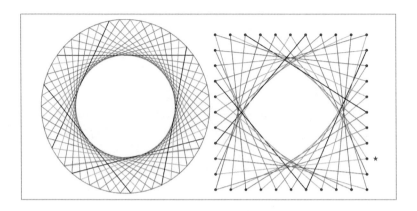

앞의 그림과 연관지어 케플러와 관련한 다음 그림 두 가지를 소개한다.

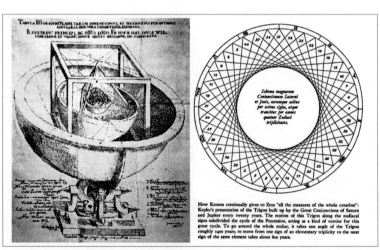

출처: https://ko.wikipedia.org/wiki/요하네스_케플러

포락선은 간단히 얘기하면, 곡선족[3)]이 있고, 여기에 접하는 곡선을

---

3) 곡선족은 많은 곡선의 모임이라고 생각하면 된다.

말한다. 다음 그림은 타원곡선족 $\dfrac{x^2}{t^2} + \dfrac{y^2}{(1-t)^2} = 1 \ (-2 \le t \le 2)$ 으로 만들어본 아스트로이드 곡선[4]이다. 아스트로이드 곡선에 대해서는 뒤에 사이클로이드 곡선과 함께 다루겠다.

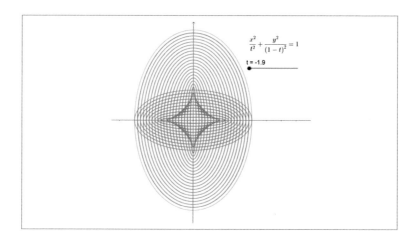

빛의 운동에서 접선이 나온 이유는 빛의 성질인 파동성이 수학에서는 포락선으로 설명되며, 결국 포락선을 이해하는 데 필요한 것이 미분이기 때문이다.

수학 교사이기 때문에, 여기까지 다루는 것이 한계다. 고등학교 졸업하고 26년이 지나는 동안, 학창 시절의 많은 기억이 사라졌다. 그런데, 학교에서 융합 교육을 원하고 있다. 수학 시간에 수학만 이야기하

---

4) 아스트로이드(astroid) 곡선은 반지름 r인 원에 내접하는 반지름 $\dfrac{r}{4}$인 원이 원주 위를 구를 때, 원 위의 한 점이 남기는 자취 곡선이다. 별 모양의 곡선으로 나타난다.

기보다는 물리, 화학, 생물, 경제, 법, 사회 등 다양한 학문 속에 있는 수학을 다뤄줘야 한다. 복수전공 세대가 아닌 수학 전공자인 나로서는 힘겹다. 그래서 아는 선에서 최대한 학생들과 이야기를 나눈다. 어차피 수학 이외의 부분은 학생들이 더 잘 알 테니까, 대화를 통해 의견을 던질 뿐이다. 미적분 수업 초반에 빛의 운동에 관한 이야기를 하면서, 빛이 가지는 파동성과 입자성에 관해 이야기도 하고, 양자역학의 이중슬릿 실험을 이야기해 주면서 빛이나 전자의 성질, 파동과 입자의 차이에 관한 이야기를 나누다 보면, 막스 보른, 아인슈타인이 나오고, 양자역학 속의 확률 이야기가 자연스럽게 이어진다. 이렇게 해서 확률과 통계 과목의 중요성이 미적분 시간에 강조되기도 한다.

　수학의 쓸모를 이야기하면서, 우스갯소리로 밥 숟가락질에 미적분을 사용하는 사람은 없다고 표현하기도 한다. 수학의 쓸모나 유용성을 찾기 위해서 눈에 보이는 곳에서 찾으려고 하는 것, 실생활 요소를 강조하는 것은 수학의 본질과 가치를 오히려 축소하는 생각일 수 있다. 〈히든 피겨스〉라는 영화에 나오는 주인공 여성의 직업이 해석기하학 전문가였다. 우주선을 쏘아 올리는 일을 교실의 책상에 앉아있는 학생에게 눈앞에서 벌어지는 일이라고 소개하는 것은 와닿지 않을 수 있다. 고도의 전문직에서 경험하는 수학 세상을 학교-집-PC방을 왕래하는 사람, 삼차방정식의 해와 미분을 배우는 사람에게 눈앞에 보이는 것들로 소재를 이야기하려고 하는 것은 수학의 가치를 매우 축소시킨다. 황금비로 만들어지지 않은 책이나 책상이 황금비라고 이야기하는 것도 와닿지 않는다. 수학자들이 애플 로고는 황금비를 이용해서 만들었다고 했을 때, 정작 애플 로고를 만든 사람은 로고에서 황금비를 찾아낸 수학자를 신기해했다. 그냥 만들다 보니, 사과 로고가 만들어졌는데, 그 속에서 황금비 요소를 찾아낸 수학자가 있을 뿐이다.

수학의 많은 부분은 추상과 사유의 세계에 있다. 그리고, 이런 것들은 어느 순간 다양한 학문과 연결되고, 생활 속으로 들어온다. 수학은 과학이 닿지 않는 곳에서도 작동하고, 표현하고, 생각할 수 있으며, 과학에 아이디어를 제공하는 아이디어 뱅크이기도 하고, 경제를 과학적 학문으로 만든 장본인이고, 철학에 논리적 사유의 세계를 열어주었으며, 아무리 훌륭한 망원경도 닿지 않는 우주의 먼 곳을 문자로 표현한 식을 통해 우리가 볼 수 있도록 도와주고 있다.

×

## 제 2 장

컴퓨터를 이용하는 수학

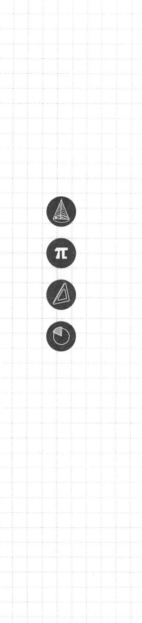

페르마의 마지막 정리 ✎

　큰 수의 소수 찾기나 페르마의 마지막 정리처럼 손으로 일일이 계산해서 확인하기 어려운 작업은 컴퓨터를 이용해서 이해하는 시도가 가능하다. 페르마의 마지막 정리는 $x^n + y^n = z^n$을 만족하는 정수해에 관한 문제인데, 지오지브라에서 $x^n + y^n = z^n$을 입력하면 3D 그래픽으로 나와서 이미지로 확인해볼 수 있는 경험이 가능하다. 다음 그림은 n이 짝수일 때(왼쪽)와 홀수일 때(오른쪽)의 상황을 각각 나타낸 이미지다. '입력하면 나올까?'라고 의심하며 무심코 입력했을 때 정말로 화면에 나타나면 신기하기도 하고, 이런 부분까지 생각해서 개발이 진행되고 있다는 것이 너무 존경스럽다.

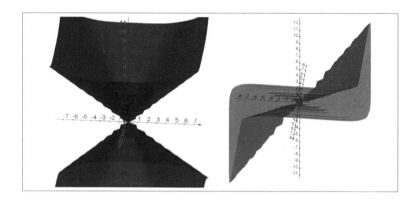

하지만, 해당 그림에서는 정수점을 찾기가 어렵다. 그래서 $x^n + y^n$의 값에 대한 집합(리스트)과 z^n에 대한 값의 집합(리스트2)을 구한 후, 두 집합의 교집합을 찾는 방법으로 확인해보는 작업을 진행해 볼 수 있다.

만드는 방법
리스트: 수열(수열(i^n + j^n, i, 1, a), j, 1, a)
리스트2: 수열(i^n, i, 1, a + 5)
교집합: 교집합(리스트, 리스트2)

리스트와 교집합을 이용해서 만든 결과물이 다음 그림에 있다. 리스트는 $x^n + y^n$의 n에 따른 모든 값을 구한 것이고, 리스트2는 z^n에 해당하는 값을 모두 구한 것이다. 그리고 두 리스트(집합)의 교집합을 구해서, 페르마의 정리가 성립하는 정수해가 있는지 구해봤다.

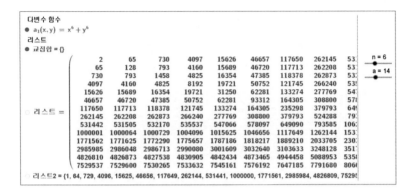

연산의 결과를 직접 비교해보고 교집합이 공집합으로 나타나는 것을 눈으로 확인할 수 있다.

다음 그림은 3차원에서 표현한 x^n+y^n의 그래프이다. 그래프를 그려서 교점을 찾아보려는 시도를 해봤지만, 마땅한 아이디어가 떠오르지 않았다.

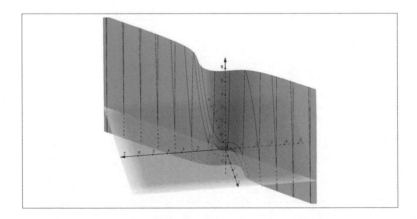

리스트를 직접 만들고 교집합이 공집합으로 나타나는 것을 확인하면서, 숫자를 계속 키우다 보면 프로그램이 다운되기도 한다. 컴퓨터 사양마다 다르겠지만, 내가 가진 컴퓨터에서는 소수 찾기는 10만까지, 페르마 정리는 지수를 10 초과로 올려보는 도전은 하지 않았다. 이미 프로그램이 다운되는 경험을 충분히 겪어 봤다. 학생들은 컴퓨터만 있으면 뭐든 다 구할 거로 생각하겠지만, 이렇게 간단해 보이는 연산에서도 인간의 능력을 넘어서지 못하는 컴퓨터를 보게 될 것이다.

비슷한 방식으로 엑셀에서도 만들어 볼 수 있다. 다음 그림은 $x^n + y^n$과 z^n을 각각 구한 후, 값이 일치하는 셀(빨간색 셀)의 개수를 셀 수 있도록 함수를 만들었다.

n=	2										z	z^n	갯수세기
x / y	3	4	5	6	7	8	9	10	11				
3	18	25	34	45	58	73	90	109	130		3	9	0
4	25	32	41	52	65	80	97	116	137		4	16	0
5	34	41	50	61	74	89	106	125	146		5	25	2
6	45	52	61	72	85	100	117	136	157		6	36	0
7	58	65	74	85	98	113	130	149	170		7	49	0
8	73	80	89	100	113	128	145	164	185		8	64	0
9	90	97	106	117	130	145	162	181	202		9	81	0
10	109	116	125	136	149	164	181	200	221		10	100	2
11	130	137	146	157	170	185	202	221	242		11	121	0
12	153	160	169	180	193	208	225	244	265		12	144	0
13	178	185	194	205	218	233	250	269	290		13	169	1
14	205	212	221	232	245	260	277	296	317		14	196	0
15	234	241	250	261	274	289	306	325	346		15	225	1
16	265	272	281	292	305	320	337	356	377		16	256	0
17	298	305	314	325	338	353	370	389	410		17	289	1
18	333	340	349	360	373	388	405	424	445		18	324	0

n=	2											
x y	3	4	5	6	7	8	9	10	11	z	z^n	갯수 세기
19	370	377	386	397	410	425	442	461	482	19	361	0
20	409	416	425	436	449	464	481	500	521	20	400	0
21	450	457	466	477	490	505	522	541	562	21	441	0
22	493	500	509	520	533	548	565	584	605	22	484	0
23	538	545	554	565	578	593	610	629	650	23	529	0
24	585	592	601	612	625	640	657	676	697	24	576	0
25	634	641	650	661	674	689	706	725	746	25	625	1

n의 값이 변할 때, 행으로는 x^n값을 나타내고, 열로는 y^n값이 나타나도록 해서 '$=x^n+y^n$'의 값이 구해지도록 표를 만들었다. 그리고 오른쪽에는 z^n의 값이 계산되어 나타나도록 해서 왼쪽 표에서 하나라도 일치하는 값이 있는지 확인하는 수식

$$=COUNTIF(\$C\$4:\$K\$35, Z4)$$

을 이용해서 찾았다.

표에서 $n=2$일 때, 일치하는 셀들을 관찰할 수 있다.[5] 엑셀로 제작된 표에서 숫자(n)를 임의로 바꾸면서 관찰할 수 있어서, $n=3$부터 시작된 숫자를 13, 14, 15,⋯ 얼마든지 바꿔서 실험해볼 수 있다. 다음 표는 $n=3$일 때의 상황이고, 일치하는 개수가 모두 0인 것을 확인할 수 있다. 여기서 숫자 n의 값을 아무리 키워봐도 일치하는 정

---

[5] 직각삼각형의 세 변이 될 수 있는 피타고라스 수다.

수를 찾을 수 없다. 페르마의 정리를 단지 수식으로 '이런 수식을 만족하는 정수는 없대'라고 들은 학생과 직접 수식을 계산한 경험을 가진 학생은 차이가 있지 않을까?

n=	3										z	z^n	갯수 세기
x / y	3	4	5	6	7	8	9	10	11				
3	54	91	152	243	370	539	756	1027	1358		3	27	0
4	91	128	189	280	407	576	793	1064	1395		4	64	0
5	152	189	250	341	468	637	854	1125	1456		5	125	0
6	243	280	341	432	559	728	945	1216	1547		6	216	0
7	370	407	468	559	686	855	1072	1343	1674		7	343	0
8	539	576	637	728	855	1024	1241	1512	1843		8	512	0
9	756	793	854	945	1072	1241	1458	1729	2060		9	729	0
10	1027	1064	1125	1216	1343	1512	1729	2000	2331		10	1000	0
11	1358	1395	1456	1547	1674	1843	2060	2331	2662		11	1331	0
12	1755	1792	1853	1944	2071	2240	2457	2728	3059		12	1728	0
13	2224	2261	2322	2413	2540	2709	2926	3197	3528		13	2197	0
14	2771	2808	2869	2960	3087	3256	3473	3744	4075		14	2744	0
15	3402	3439	3500	3591	3718	3887	4104	4375	4706		15	3375	0
16	4123	4160	4221	4312	4439	4608	4825	5096	5427		16	4096	0
17	4940	4977	5038	5129	5256	5425	5642	5913	6244		17	4913	0
18	5859	5896	5957	6048	6175	6344	6561	6832	7163		18	5832	0
19	6886	6923	6984	7075	7202	7371	7588	7859	8190		19	6859	0
20	8027	8064	8125	8216	8343	8512	8729	9000	9331		20	8000	0
21	9288	9325	9386	9477	9604	9773	9990	10261	10592		21	9261	0
22	10675	10712	10773	10864	10991	11160	11377	11648	11979		22	10648	0
23	12194	12231	12292	12383	12510	12679	12896	13167	13498		23	12167	0
24	13851	13888	13949	14040	14167	14336	14553	14824	15155		24	13824	0
25	15652	15689	15750	15841	15968	16137	16354	16625	16956		25	15625	0

페르마의 정리를 컴퓨터로 확인하는 이런 작업이 끈기만으로 될까? 차라리 페르마의 마지막 정리를 증명한 책을 읽어보고 싶은 호기심을

갖게 되지는 않을까? 학생들이 페르마의 마지막 정리를 막연하게 이해하고 있기 보다는, 숫자를 직접 넣어서 계산해 본 경험으로 조금 더 직관적인 기억으로 남기를 바라면서 만들어봤다.

파이썬 이용해서 소수 구하기

소수의 개수, 분포, 소수 찾기는 수학을 좋아하는 사람이라면 누구나 한 번쯤은 생각해 봤을 분야다. 하지만, 10만이나 100만 이상의 소수를 찾는 것은 쉬운 일이 아니다. 그래서 이런 어려운 계산을 처리할 때, 컴퓨터 계산기의 도움을 받는 것이 좋다. 파이썬이라는 도구를 사용하면, 소수를 찾거나, 특정 수가 소수인지를 쉽게 판별할 수 있다. 다음 박스는 소수를 찾는 파이썬 코딩이다. 인터넷에서도 파이썬 코딩 예시자료를 쉽게 찾아 변형할 수 있다.

```
sosu = []
 # 소수의 집합(비어 있는 리스트)을 만든다
for i in range(2, 1001):
 # 2부터 1000까지의 정수 범위
    count = 0              # 초기 개수 조건은 0
    for j in range(1,i):
        if i%j == 0:
# 나누어 떨어지는 수를 판단한다
            count += 1
# 나누어 떨어지는 수의 개수 세기
```

```
        else:
            continue
    if count == 1:
# 개수가 1개, 즉 소수이면,
        sosu.append(i)
# 소수 집합(리스트)에 추가한다
    else:
        continue
print(sosu, "갯수=", len(sosu))
# 소수 집합과 개수를 표시한다
```

아래는 위의 코딩을 실행한 결과다.

```
[2, 3, 5, 7, 11, 13, 17, 19, 23, 29, 31, 37, 41, 43, 47, 53, 59, 61, 67, 71, 73,
79, 83, 89, 97, 101, 103, 107, 109, 113, 127, 131, 137, 139, 149, 151, 157,
163, 167, 173, 179, 181, 191, 193, 197, 199, 211, 223, 227, 229, 233, 239,
241, 251, 257, 263, 269, 271, 277, 281, 283, 293, 307, 311, 313, 317, 331,
337, 347, 349, 353, 359, 367, 373, 379, 383, 389, 397, 401, 409, 419, 421,
431, 433, 439, 443, 449, 457, 461, 463, 467, 479, 487, 491, 499, 503, 509,
521, 523, 541, 547, 557, 563, 569, 571, 577, 587, 593, 599, 601, 607, 613,
617, 619, 631, 641, 643, 647, 653, 659, 661, 673, 677, 683, 691, 701, 709,
719, 727, 733, 739, 743, 751, 757, 761, 769, 773, 787, 797, 809, 811, 821,
823, 827, 829, 839, 853, 857, 859, 863, 877, 881, 883, 887, 907, 911, 919,
929, 937, 941, 947, 953, 967, 971, 977, 983, 991, 997] 갯수= 168
```

2부터 1,000이내의 소수를 모두 찾아서 나열했고, 이렇게 나열된 소수의 개수가 168개임을 나타낸다. 이제 숫자를 10,001, 100,001, ⋯ 로 점점 늘려서 관찰할 수 있다. 10,001까지는 해볼 만하지만, 100,001은 반응이 없거나, 결과를 얻는 데 시간이 꽤 오래 걸린다. 10만까지 소수를 구하는 것이 컴퓨터로서도 쉬운 일이 아니다. 이렇게 소수의 개수를 찾는 프로그램을 만들었다면, 100씩 늘려가면서 소수의 개수가 어떻게 변해가는지 확인해보는 작업도 가능하다. 단순히 소수를 구하거나, 소수의 개수를 구하는 작업이라면, 시간이 걸리더라도 프로그램을 사용하지 않고 구할 수 있지만, 프로그램을 사용하는 의미가 맞는 활동은 100단위로 끊어서 소수의 개수나 비율을 관찰해서 규칙성을 찾아보는 활동이 더 어울리겠다.

범위	개수	다음/전	범위	개수	다음/전
2~100	25		2~1000	168	
101~200	21	0.84	1001~2000	135	0.8035
201~300	16	0.7619	2001~3000	127	0.9407
301~400	17	1.0625	3001~4000	120	0.9448
401~500	14	0.8235	4001~5000	119	0.9916
501~600	16	1.1428	5001~6000	114	0.9579
601~700	14	0.875	6001~7000	117	1.0263
701~800	14	1	7001~8000	107	0.9145

해당 표는 100단위로 끊어서 소수의 개수를 구했고, 이전 100개(1,000개)에서 소수의 개수와 다음 100개(1,000개)에서 소수의 개수 비율을 계산해서 소수의 개수가 어떻게 변하는지 관계를 정리해 보려는 시도다. 숫자가 증가할수록 소수의 분포가 극적으로 감소할 줄 알았는데, 그렇지 않은것을 보고 놀랐다.

처음 프로그램을 학생과 다룰 때는 소수 찾는 프로그램을 만드는 것이 목적이라고 착각했었다. 그래서 프로그램을 만드는 활동에서 끝나고, 후속된 교육활동으로 이어지지 못했다. 내가 수학을 위해 프로그

램을 사용하고 있다는 것을 간과하고 있는 것을 시간이 흘러서야 깨
달았다. 내가 프로그램을 사용하는 목적은 '수학'이다.

그래프 기능 ✏️

초월함수 이후의 교육과정에는 머릿속에서 곧바로 그래프가 그려지
지 않는 표현들이 등장한다. $x^{\sin x}$, $\sin x^{\tan x}$, $\ln(\sin x)$ 같은 합성함
수의 그래프는 모양이 쉽게 상상이 가지 않는다. 그래프가 어떻게 생
겼는지는 모르는데, 답은 내고 있다. 마치, 얼굴 모르는 상대와 채팅
으로 인연을 맺어 결혼하는 느낌도 이런 걸까? 라는 상상이 든다. 물
론, 수능시험 문제 풀이를 하는 상황에서는 답을 빨리 내는 것이 맞
다. 하지만, 우리는 수학이라는 학문을 하고 있다. 학문의 가치로 접
근할 때에는 알지오매스나 지오지브라 같은 소프트웨어의 도움으로
그래프를 한 번씩 보여주는 것도 좋지 않을까?

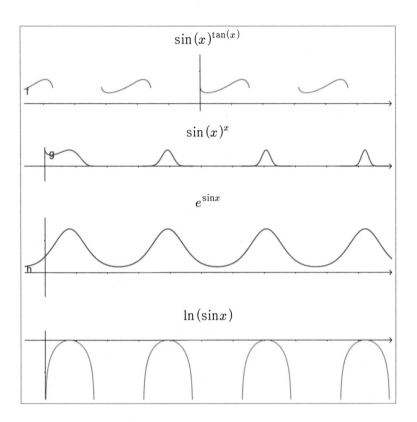

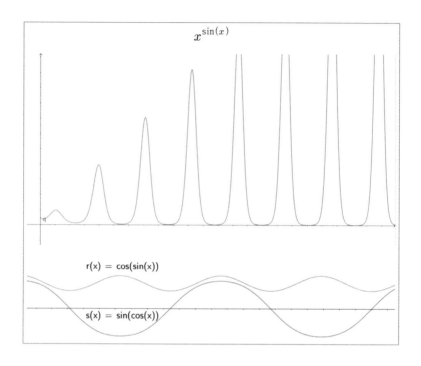

삼각함수가 포함된 합성함수들은 규칙적인 패턴으로 그려질 가능성
이 많이 있다. 이런 패턴들을 보면서 바다를 떠올리는 이야기를 나누
거나, 읽었던 책을 떠올려보기도 한다. 대수적인 접근은 인간의 사고
가 닿지 못하는 영역을 이해하기 위해 필수적이지만, 시각적 표현을
통해 현상을 드러내 줄 수 있는 공학 도구를 활용한 직관적 표현이
통찰과 탐구에 많은 도움을 제공할 수 있다.

e^x과 이차 함수, 삼차 함수, 분수함수, 무리함수, 삼각함수, 로그함
수의 다양한 조합에 의해 만들어지는 곡선을 손으로만 그려본 학생과
실제 컴퓨터에서 관찰한 학생의 차이는 문제 상황을 해석하는 능력에

서 차이를 보인다.

$$x^{(x-2)},\ (x^2-2x)e^x,\ x^{x-2},\ x^{x^x},\ x^{\ln x},\ x^{\tan x}$$

해당 식을 이미지로 떠올릴 수 있다면 문제 상황에 더 쉽게 접근할 수 있다. 좀 더 전문적인 프로그램을 사용할 수도 있고, 다양한 프로그램을 사용해보면서 차이를 알아가는 재미도 있을 수 있다. 하지만, '수학'을 목적으로 학습하는 학생들이 굳이 어려운 프로그램을 배울 필요는 없다고 생각한다. '수학 학습'을 목적으로 했던 학생들이 '프로그램'을 익히는 고생까지 하느라 수포자만 늘어난다면, 수학은 특정인의 학문으로 남게될지도 모른다.

극한 ✏️

수능시험 문제에서 극한값을 구하기 위해서 그래프를 확인해보는 학생은 없다. 특히, 지수함수와 초월함수의 곱으로 표현된 식은 여러 가지 공식과 식의 조작을 통해 극한값을 구할 수 있다. 삼각함수의 극한에서 가장 먼저 등장하는 식은 $\lim\limits_{x \to 0} \dfrac{\sin x}{x} = 1$이다. 다음 그림은 $\lim\limits_{x \to 0} \dfrac{\sin x}{x}$의 값을 구하기 위해 부채꼴의 넓이를 이용해서 설명하는 과정이다.

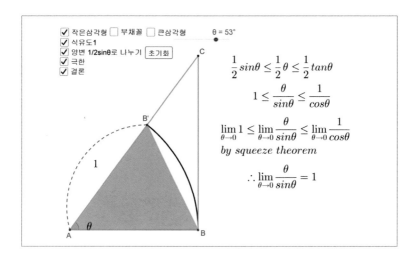

이런 수업 자료를 만들었지만, 한 번 써먹고 이후 사용한 적이 없다. 실제로 활용을 더 많이 하게 되는 것은 $\dfrac{\sin x}{x}$ 의 그래프다. 다음 그림은 $\dfrac{\sin x}{x}$ 의 그래프다.

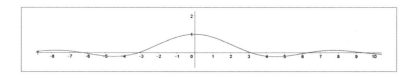

$\displaystyle\lim_{x \to 0}\dfrac{\sin x}{x}$ =1이라는 것을 배운 학생들은 많은 연습을 거쳐 $x{\to}0$ 일 때, $\sin x$ 를 x 로 간주하고 마치 공식처럼 사용하기 시작한다.

$\lim\limits_{x \to \infty} \dfrac{\tan x}{x} = 1$도 같은 방식으로 다룬다. 이런 것들을 다 합쳐서 $x \to 0$ 일 때,

$$ax \approx \tan ax \approx \sin ax$$

로 간주하고, 지수함수나 로그함수에서도 같은 방식으로, $x \to 0$ 일 때,

$$ax \approx \ln(1 + ax) \approx e^{ax} - 1$$

로 해결할 수 있다는 요령을 터득한다.

정답은 맞힐 수 있겠지만, 학생들에게 올바른 직관이 생겼다고 할 수 있는지는 의문이다.

예를 들어, $\lim\limits_{x \to \infty} x \sin\left(\dfrac{1}{x}\right)$의 경우, 직관적으로

$$\infty \times \sin(0) \ = \ \infty \times 0 \ = \ 0 \ ?$$

이라는 생각이 드는 문제 상황이다. 하나 더 예를 들어,

$\lim\limits_{x \to 0} \dfrac{\ln(1 + 2x) + \ln(1 - 2x)}{x^2}$ 를 풀 때, 두 가지 방식으로 생각해보자.

①번 상황, 분자를 먼저 연산한 경우에,

$$\lim_{x \to 0} \frac{\ln(1 - 4x^2)}{x^2} = -4$$

②번 상황, 분자를 분리해서 생각하는 경우에

$$\lim_{x \to 0} \left(\frac{\ln(1 + 2x)}{x} + \frac{\ln(1 - 2x)}{x} \right) \frac{1}{x} = (2 + (-2)) \times \infty$$

$$= 0 \times \infty = 0$$

실제로 2번 상황처럼 풀이를 해서 틀린 학생이, 왜 연산을 먼저하면 올바른 답이 나오고, 분리해서 연산하면 틀리는지 이유를 물어왔다. 이 학생은 '0에 무언가를 곱하면 0이 나와야 한다.'는 생각을 하고 있다. 이 학생의 직관에 오류가 있다는 것을 학생은 모르고 있다. 이때, 수열의 극한의 성질(사칙연산)에 의해 분리하면 안 된다고 이야기해 주는 것은 학생의 직관력 수정에 대한 해법은 아니다.

$$\lim_{n \to \infty} a_n = a$$
$$\lim_{n \to \infty} b_n = b$$

라고 하면, 다음이 성립한다.

- $\lim_{n \to \infty} (a_n + b_n) = a + b$
- $\lim_{n \to \infty} (a_n - b_n) = a - b$
- $\lim_{n \to \infty} a_n b_n = ab$
- $\lim_{n \to \infty} \dfrac{a_n}{b_n} = \dfrac{a}{b}$ $(b_n \neq 0 \forall n \in \mathbb{N}; b \neq 0)$

대수적 해법으로
학생의 직관은 수정될까?
올바른 직관력...

학생이 '안 되는구나'라고 수정은 하겠으나, 자신의 직관을 수정하지는 못한다. 그래서 다음 번 비슷한 문제를 풀 때, '무조건 연산을 먼저하자.'라고 이해는 못 한 채 기계적으로 연산하는 학생이 될지도 모른다.

여기서 어떻게 도와주는 게 좋을지 생각해봤다. 만약, 테일러급수를 가르친다면, 이전의 논리와 연결되고, 도움을 줄 수 있을 것 같지만, 그렇다고 하여, 테일러급수[6]를 모든 학생에게 가르칠 수는 없는 노릇이다.

$$\frac{1}{1-x} = \sum_{n=0}^{\infty} x^n = 1 + x + x^2 + x^3 + \cdots \qquad (|x| < 1)$$

$$\exp x = \sum_{n=0}^{\infty} \frac{x^n}{n!} = 1 + x + \frac{1}{2!}x^2 + \frac{1}{3!}x^3 + \cdots \qquad \forall x$$

$$\sin x = \sum_{n=0}^{\infty} \frac{(-1)^n}{(2n+1)!}x^{2n+1} = x - \frac{x^3}{3!} + \frac{x^5}{5!} - \cdots \qquad \forall x$$

$$\cos x = \sum_{n=0}^{\infty} \frac{(-1)^n}{(2n)!}x^{2n} = 1 - \frac{x^2}{2!} + \frac{x^4}{4!} - \cdots \qquad \forall x$$

$$\tan x = \sum_{n=1}^{\infty} \frac{B_{2n}(-1)^n 2^{2n}(1-(2^{2n}))x^{2n-1}}{(2n)!} = \frac{x^1}{1} + \frac{x^3}{3} + \frac{2 \cdot x^5}{15} + \frac{17 \cdot x^7}{315} + \cdots \qquad \left(|x| < \frac{\pi}{2}\right)$$

$$\ln(1-x) = -\sum_{n=1}^{\infty} \frac{x^n}{n} = -x - \frac{1}{2}x^2 - \frac{1}{3}x^3 - \frac{1}{4}x^4 - \cdots \qquad (|x| < 1)$$

$$\ln(1+x) = \sum_{n=1}^{\infty} \frac{-(-1)^n}{n}x^n = x - \frac{x^2}{2} + \frac{x^3}{3} - \frac{x^4}{4} + \cdots \qquad (|x| < 1)$$

그래서 올바른 직관이 형성되도록 학생의 직관력에 도움을 줄 수 있는 방법을 생각해봤다. 우선은 $y = \frac{\sin x}{x}$ 의 그래프로 다시 돌아가 보자.

---

6) https://ko.wikipedia.org/wiki/테일러_급수

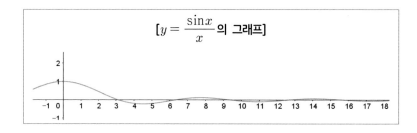

$[y = \dfrac{\sin x}{x}$의 그래프]

　(0, f(0))을 입력해서, $x = 0$에서 정의되지 않는다는 사실과 $x \rightarrow 0$에서의 극한값이 1로 수렴한다는 것을 그래프를 통해 확인시켜주는 활동은 의미가 크다고 할 수 있다.

　또한, 교과서에서는 $y = \dfrac{\sin x}{x}$가 $x \rightarrow \infty$일때 0으로 수렴한다는 것을 샌드위치 정리로 증명해주는데, 그래프를 통해서 확인한 후에 대수적으로 접근해볼 수 있다. 다음 문제를 보면서 이와 비슷한 상황에 대해서 고민해보자.

$$\lim_{x \to \infty} x \sin\left(\frac{1}{x}\right)$$의 경우, 직관적으로

$$\infty \times \sin(0) = \infty \times 0$$

의 구조로 되어있다. 그러면 학생들은 '0으로 수렴하지 않을까?'라는 생각을 한다.

　∞(무한대)나 0(무한소)은 우리의 직관이 닿기 힘든 영역이다. 직관의 영역까지도 논리의 영역으로 가져온 수학은 이런 부분을 용납할 수

없다. 이전에 배운 $\lim\limits_{x \to 0} \dfrac{\sin x}{x}=1$ 을 이용하기 위해 다음과 같이, 치환

하여 결과가 1임을 확인하는 작업을 하더라도,

$$\lim_{x \to \infty} x \sin \frac{1}{x}= \lim_{x \to \infty} \frac{\sin \dfrac{1}{x}}{\dfrac{1}{x}} = 1$$

학생들의 머릿속에는 여전히

$$\lim_{x \to \infty} x \sin\left(\frac{1}{x}\right)=\infty \times 0 = 0?$$

의 생각이 머릿속을 맴돌고 있다. 대수적으로 보여주는 것이 직관
을 수정해주는 것은 아니다. 이전에 극한에서 배운 대부분의
"$\infty \times 0$" 형태는 '0'으로 수렴한다고 나와 있었기 때문에, 1로 수렴하
는 상황을 직관적으로 받아들이기 더 힘들다.

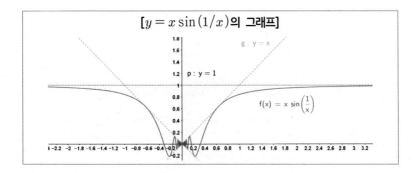

[$y = x \sin(1/x)$의 그래프]

해당 그림의 파란색 그래프가 $y = x\sin(1/x)$이다. $x=0$ 근방에서는 진동하면서 몰려있지만, ∞로 갈수록 더는 상승하지도 하락하지도 않고, 직선처럼 그려져 있다.[7] 이 그래프를 통해, '$\infty \times 0$'의 표현식에서 x가 ∞로 갈수록 1로 수렴할 수 있다는 것을 확인할 수 있다. 무한의 영역은 실수의 사칙연산 법칙을 적용해서 생각 할 수 없다는 것을 깨달을 수도 있다. '$\infty \times 0$'의 표현식이 꼭 "0"이 아닐 수 있는 함수가 있다는 것을 기억하기 시작하여 직관력의 한 단계 성장이 이뤄진다.

이제 다음 그림과 같이 $\dfrac{1}{x}$의 그래프와 $\sin\left(\dfrac{1}{x}\right)$ 그래프 비교를 통해서 $\sin\left(\dfrac{1}{x}\right)$에 일어난 변화에 대해 관찰해본다.

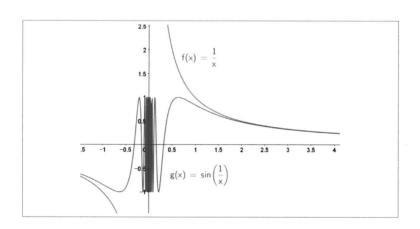

[-2, 2] 범위를 벗어나면, 두 그래프는 일치하는 것처럼 보인다. 이로써, $x\sin(1/x)$의 그래프를 이용한 방법은,

---

7) 직선 y=1과의 교점이 없음을 통해 확인할 수 있다.

$$\lim_{x \to \infty} x \sin\frac{1}{x} \approx \lim_{x \to \infty} x \frac{1}{x} = 1$$

로 연결 지어 생각할 수 있고, 이전에

$$\text{'}ax \approx \tan ax \approx \sin ax\text{'}$$

로 생각했던 방식들이 그대로 확장되고 연결될 수 있다. 그리고, 학생이 생각하는 무한에서의 연산에 대한 생각도 어느 정도는 수정해줄 수 있다.

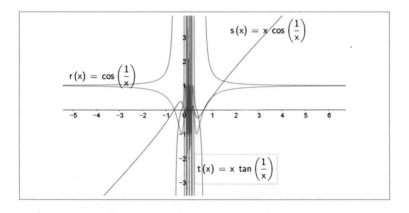

다양한 삼각함수 연산식을 그래프로 나타내보는 경험을 연결해주면, 학생이 가진 생각의 오류들을 극복하는 데 도움이 된다.

$x \sin\left(\dfrac{2}{x}\right)$의 그래프를 통해 2로 수렴하는 그래프를 만들어 볼 수

있고, 다시 3으로 수렴하는 그래프도 만들어볼 수 있다. 또한, 고급수학까지 배운 학생이라면 테일러급수와 자연스럽게 연결할 수 있다.

주사위 모의실험 ✎

주사위 굴리기 실험을 하는 상황을 생각해 보기로 하자. 동전을 200번이나 직접 던지려면 시간이 오래 걸릴 것 같다. 그래서 좀 더 빠르게 하려면, 동전 10개를 20번 던져야겠다고 생각할지도 모르겠다. 실제 동전을 던지는 실험은 귀찮다. 그래서, 실제 동전을 던지기 보다는 대신 던져주는 다른 방법을 찾고 싶어 하는 사람이 많다. RANDOM.ORG 사이트에서 COIN FLIPPER라는 게임을 찾아서 동전을 던져주는 모델링을 할 수도 있다. 이 게임을 고르면, 동전의 모양, 개수를 지정해서 던져볼 수 있다.

You flipped 10 coins of type Austrian 1 Schilling:

이런 재미있는 실험 사이트를 거치지 않고, 엑셀 프로그램의 난수를 만들어 주는 함수를 이용할 수도 있다. 엑셀에서 '=RANDBETWEEN (1,6)'을 입력해주면, 1부터 6 사이의 임의의 정수를 만들어 준다. 이것을 드래그해주면 쉽게 200번의 실험을 완성할 수 있다. 각각이 나타난 횟수는 '=COUNTIF(범위, 셀)[8]'를 이용해서 구하고, 확률값은 200으로 나눠주면 되겠다. 새로운 200번을 던지고 싶다면 'F9'만 눌러주면 되니까, 굉장히 편하고 빠르다. 다음 표는 주사위 200개 굴리기를 엑셀에서 실험한 결과다.

난수표									
5	4	4	3	2	5	5	5	5	3
6	2	4	6	1	3	2	3	2	4
5	1	1	2	6	5	4	6	1	5
2	4	5	1	4	6	2	2	2	5
4	4	5	6	6	6	1	1	4	5
3	4	2	5	3	1	4	5	4	5
6	4	2	5	3	6	2	3	6	1
5	6	3	6	2	2	1	6	2	4
1	3	3	2	3	1	6	4	6	5
4	3	2	5	5	2	4	2	6	6
4	3	2	1	4	4	2	4	1	2
2	2	2	3	3	4	3	2	5	3
1	3	6	6	6	4	3	3	6	2
4	5	2	2	6	5	3	1	1	
5	5	2	2	1	6	3	3	6	
1	5	4	4	3	2	1	3	6	
6	3	4	1	1	5	3	5	2	2
6	1	1	4	2	3	3	6	4	1
3	1	5	2	2	6	2	1	6	4
4	2	6	5	6	5	3	4	4	3

주사위	개수	확률(%)
1	27	13.5
2	42	21
3	33	16.5
4	34	17
5	31	15.5
6	33	16.5
	200	

"F9"를 누를때마다
새로운 난수표 생성

---

8) 범위는 난수표 전체를 드래그로 지정하고, 셀은 찾을 주사위 눈(1, 2, 3, 4, 5, 6)을 지정한다.

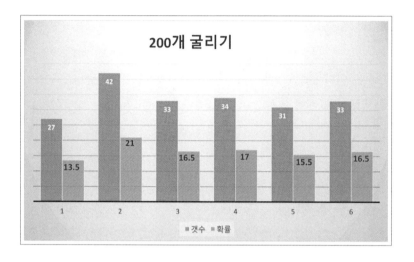

다른 방식으로는 알지오매스(algeomath.kr)[9]에서 블록 코딩으로 만들어볼 수도 있다. 알지오매스 사이트에서는 다양한 방식으로 주사위 굴리기 실험한 예제 파일들이 올라와 있다. 그중에서 내가 만든 코딩이 다음 그림과 같이 있다. 블록 코딩은 MIT에서 지원하는 스크래치 3.0, 네이버에서 서비스해주고 있는 엔트리가 잘 구성되어 있다. 엔트리의 경우에는 블록코딩을 만든 후, 프로그램 언어로 자동 변환해주는 기능이 있어서 언어 학습에 매우 유용하다.

---

9) 구글 크롬에서만 작동하며, 다운로드 설치형 프로그램이 아니라, 웹에서 작동하는 수학 프로그램이다.

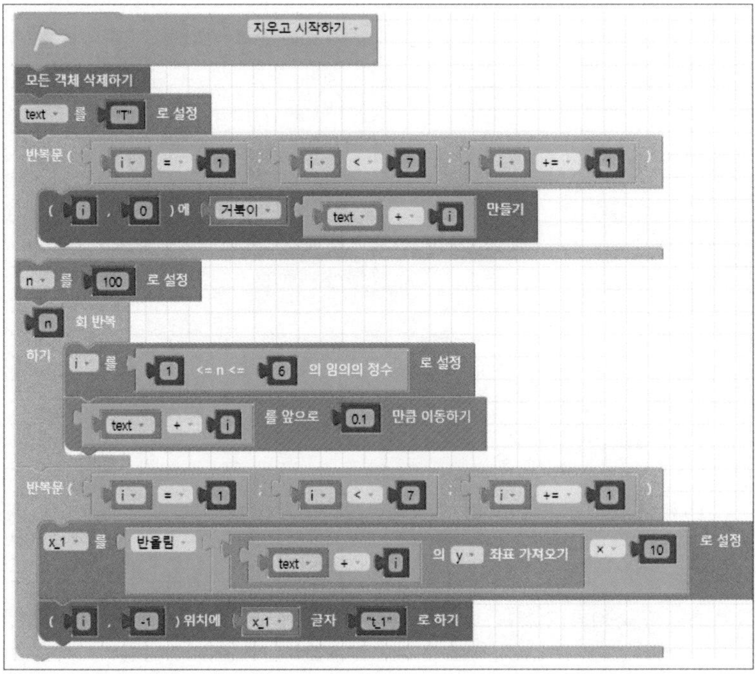

    n은 시행 횟수로 총 100번을 던지는 것으로 설정했고, 거북이를 시각적으로 배치했다. 주사위 던지는 결과로서, 랜덤 정수인 I를 만들고, I의 값이 1부터 6사이의 주사위 눈으로 나타날 때마다, 거북이가 0.1칸씩 위로 전진하도록 만들었다. 그리고, 100번을 다 던지고 난 후, 결과적으로 거북이가 도착한 지점의 'y좌푯값'×10=(나타난 횟수)을 계산해서 주사위 눈이 나타난 횟수가 기록되도록 표현했다. 그 결과가 다음 그림이다.

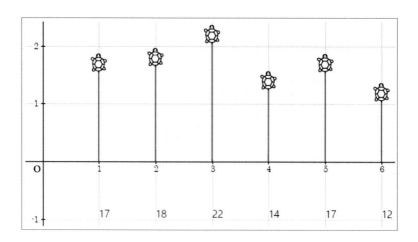

이렇게 블록 코딩으로 만드는 작업은 엑셀에서 만드는 것보다 오래 걸리고, 사용해야 하는 기능이 많아서 어렵다.

이제, 파이썬으로 만들어보자. 다음 표는 파이썬으로 주사위 굴리기 실험을 만들어 본 코딩이다.

```
from random import randint

a=[]
# 주사위 굴리기 결과의 리스트, 현재는 공집합 상태
n=100   # 시행 횟수

# 파이썬에서 range(1, n+1)은 수학에서 [1, n + 1)를 의미함
for i in range(1,n+1):   # 1 ≤ i ≤ n
    j=randint(1,6)
# j는 1부터 6사이의 임의의 정수
    a.append(j)
```

```
# 리스트 a에 j 넣기
print("표본공간", a)
# 리스트 a 출력

# 리스트 a에 있는 각 원소의 개수 세기
for k in range(1,7):
# c_k는 각각의 주사위 눈 k가 나타난 횟수
    c_k=a.count(k)
    print("k의 개수= ", c_k, "  확률= ", c_k / n)
```

```
표본공간 [6, 3, 6, 5, 4, 2, 4, 3, 1, 2, 5, 4, 1, 1, 5, 6, 4, 4, 2, 5, 4, 6, 4, 1,
3, 3, 1, 5, 4, 4, 4, 3, 6, 4, 4, 3, 6, 3, 3, 3, 4, 2, 3, 3, 3, 3, 1, 4, 4, 3, 5, 6,
4, 3, 4, 2, 1, 5, 4, 3, 2, 3, 2, 5, 4, 6, 2, 5, 2, 5, 6, 6, 2, 5, 4, 2, 2, 2, 2, 1,
3, 5, 2, 1, 5, 3, 3, 4, 1, 1, 3, 6, 6, 3, 4, 6, 5, 6, 2, 2]
k의 개수=  11   확률=  0.11
k의 개수=  17   확률=  0.17
k의 개수=  22   확률=  0.22
k의 개수=  22   확률=  0.22
k의 개수=  14   확률=  0.14
k의 개수=  14   확률=  0.14
```

이 결과를 시각적으로 보여주려면 몇 가지를 추가해서 입력해야 한 다. 주사위 굴리기에서 나타나는 수학적 확률값인 $\frac{1}{6}$과의 차이를 줄 이기 위해 500회로 늘리고, 도수분포표로 나타나도록 코딩을 바꿨다.

```
from random import randint

a=[]
```

```
n=500

for i in range(1,n+1):
    j=randint(1,6)
    a.append(j)
print("표본공간", a)

b=[]
for k in range(1,7):
    c_k=a.count(k)
    print("k의 개수= ", c_k, " 확률= ", c_k / n)
    b.append(c_k/n)

# 도수분포표를 넣기 위한 코딩
import matplotlib.pyplot as plt
from matplotlib import font_manager, rc
font_name       =       font_manager.FontProperties(fname       =
'c:/Windows/Fonts/malgun.ttf').get_name()
rc('font',family = font_name)

# x축에 주사위 눈이 표현되도록 한다.
x_data = ['1', '2', '3', '4', '5', '6']

plt.title('주사위 500번 굴리기', fontsize = 15)
plt.xlabel('눈금', fontsize=12)
plt.ylabel('확률', fontsize=12)

plt.scatter(x_data, b)
plt.plot(x_data, b)
plt.show()
```

k의 개수=	75	확률=	0.15
k의 개수=	87	확률=	0.174
k의 개수=	80	확률=	0.16
k의 개수=	96	확률=	0.192
k의 개수=	84	확률=	0.168
k의 개수=	78	확률=	0.156

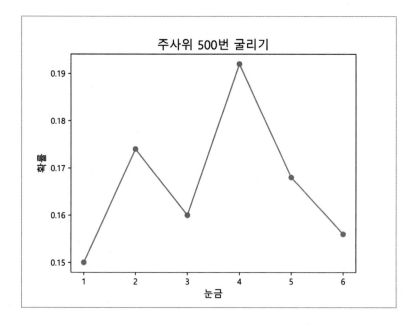

500회를 모의실험한 결과, 확률값의 최댓값과 최솟값이 약 4% 정도의 범위 내에서 나타났다. 수학적 확률인 $\frac{1}{6} = 0.1666\cdots$에 매우 가깝게 근사시키려면 실험 횟수 n의 값을 10,000회 정도는 시행해야 할 것으로 보인다. 그래서 10,000으로 바꿔서 모의실험한 결과가 다음 그림에 나타나 있다. 각 주사위의 눈이 나올 확률값이 0.7% 범위 내에

서 나타난 것을 볼 수 있다.

파이썬으로 만든 프로그램도 'F5'를 누를 때마다 새로운 모의실험이 자동으로 실행되기 때문에, 한 번만 구성해 두면 계속해서 반복된 실험을 해볼 수 있다.

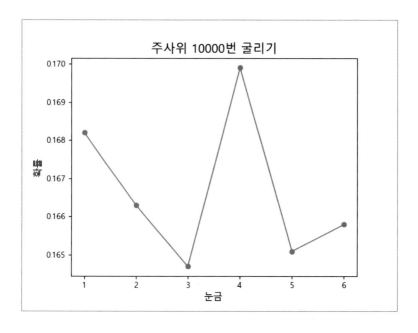

결국, 엑셀로 만드는 것이 가장 편하다. 엑셀의 원래 기능이 데이터 분석에 최적화되어 있다 보니, 엑셀로 만들면 빠르고 편하게 모의실험을 해볼 수 있는데, 굳이 파이썬이나 알지오매스를 해야 할 필요성을 느끼지 못하겠다. 엑셀은 파이썬이 프로그램 언어로 구현해야 하는 모든 것들을 이미 버튼과 함수로 만들어 두고, 사용자가 편리하게 이용만 하면 되도록 구성해 둔 일종의 모듈이다.

여기에 내 생각을 덧붙이면 이렇다. 사람마다의 요구와 필요, 사용 용도가 다른데, "파이썬을 모든 사람이 배워야 한다"라거나, "모든 상황을 파이썬으로 구현해야 한다."라고 이야기하면 와닿지 않는다. 마찬가지로, 지오지브라를 모든 학생이 배워야 한다거나, 모든 상황을 지오지브라라는 하나의 프로그램으로 구현하려고 하는 시도는 학생을 피곤하게 한다는 생각이다. 우리는 '수학'을 위해 프로그램을 사용하고 있다. 만약, 인공지능 수학이라는 과목을 배우고 싶어 하는 사람이 있다면, 파이썬을 배워야 하겠지만, 주사위 굴리기 실험 정도는 엑셀에서 간단히 해볼 수 있다. 용도에 맞는 적절한 프로그램의 사용을 생각해야 한다.

정폭도형 ✏️

정폭도형(뢸로)이란, 도형과 접하는 두 평행선 사이의 거리(폭)가 항상 일정한 도형이다. 정폭도형은 바닥에서 굴러갈 때, 중심은 변하지만, 전체 도형의 높이는 변하지 않는다. 그래서 정폭도형으로 자전거 바퀴는 만들 수 있지만, 제대로 굴러가지는 못한다. 중심의 높이가 계속 변해서 위아래로 흔들리기 때문에, 중심의 높이가 일정한 원형 바퀴를 사용하는 것이다. 뢸로는 '프란츠 뢸로'(독일 기계공학자)라는 사람의 이름을 따왔으며 맨홀 뚜껑이나 동전을 주조할 때 사용한다. 정폭도형이 교과서에 나오면 폭이 일정한 도형이라고 설명하고 넘어가기도 하는데, 동아리에서는 한 번 다뤄볼 만하다. 삼각함수로 표현하기 때문에, 삼각함수에 관한 사고력을 기르기에 좋다.

정폭도형을 만들어보기 위해, 구글 검색으로 해당하는 글을 찾았으나, 내가 제대로 이해하지 못한 탓에 글처럼 나타나지는 않아서, 식을 약간 바꿔서 입력했다.[10]

$$p(\theta) = (a\cos(k\theta/2))^2 + b$$
$$곡선[p(\theta\sin\theta + p'(\theta)\cos\theta, p(\theta)\cos\theta - p'(\theta)\sin\theta, \theta, 0, a]$$

해당 식에서 k는 몇 각형 모양인지를 결정한다. k는 3, 5, 7 등의 홀수로 지정한다. 예를 들어, $k = 3$, $a = 2$, $b = 8$일 때, 뢸로 삼각형이 나타난다. 다음 식과 수치를 바꿔가면서 그려본 도형을 보자.

매개변수 곡선

$$\bullet\ c:\ \begin{aligned} x &= \left(2\cos^2\left(\frac{3\theta}{2}\right) + 8\right)\sin(\theta) - 2\cdot 3\sin\left(\frac{1}{2}\cdot 3\theta\right)\cos\left(\frac{1}{2}\cdot 3\theta\right)\cos(\theta) \\ y &= \left(2\cos^2\left(\frac{3\theta}{2}\right) + 8\right)\cos(\theta) + 2\cdot 3\sin\left(\frac{1}{2}\cdot 3\theta\right)\cos\left(\frac{1}{2}\cdot 3\theta\right)\sin(\theta) \end{aligned} \right\}\ 0 \le \theta \le 8.6$$

수
함수

$$p(\theta) = 2\cos^2\left(\frac{3\theta}{2}\right) + 8$$
$$p'(\theta) = -2\cdot 3\sin\left(\frac{1}{2}\cdot 3\theta\right)\cos\left(\frac{1}{2}\cdot 3\theta\right)$$
$$q(\theta) = 2\cos^2\left(\frac{3\theta}{2}\right) + 8 + 2\cos^2\left(\frac{3(\theta+\pi)}{2}\right) + 8$$

---

10) 정폭도형 매개변수방정식과 수치정보
https://www.whitman.edu/Documents/Academics/Mathematics/SeniorProject_LuciaPaciotti.pdf
해당 글이 틀렸다기 보다는 내가 논문을 제대로 이해하지 못했다고 생각하는 편이 좋겠다.
(9cosθ+2cos2θ−cos4θ, 9sinθ−2sin2θ−sin4θ)

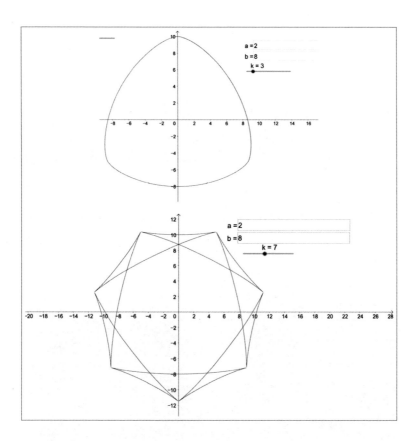

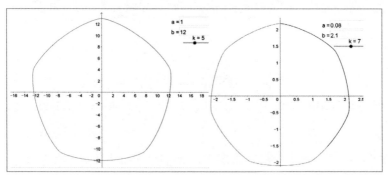

(k, a, b)의 순서대로
삼각형 모양: (3, 2, 8)
오각형 모양: (5, 1, 22), (5, sqrt(3)/27, 13sqrt(3)/27)
칠각형 모양: (7, sqrt(3)/47, 23sqrt(3)/47)

다음 사진은 정폭도형 자전거다. 앞바퀴는 오각형, 뒷바퀴는 삼각형 모양을 한 자전거로, 경남수학문화관에 전시되어 있다. 이 자전거가 너무 갖고 싶어서 삼천리 자전거 회사에 전화해서 한 대만 만들어 주면 안 되겠냐고 알아본 적도 있었다.

* 경남수학문화관 전시

이 자전거 앞바퀴와 뒷바퀴에는 물받이가 아닌, 검은색 롤러 같은 것이 달려있다. 도형 전체의 높이는 일정하지만, 바퀴를 잡고 있는 중심축이 위아래로 이동하기 때문에, 이것을 조금이나마 바로잡아 주기 위한 장치다. 자전거를 타보면, 페달을 굴려서 앞으로 나가기 어렵다. 지면과 접촉하는 부위가 고르지 못하기 때문에 어쩔 수 없이 위아래로 쿵쾅거리면서 나갈 수밖에 없다. 하지만, 학생들이 이 자전거를 경험한다면 고정관념을 깰 수 있는 좋은 소재가 될 수 있다.

페르마 점과 슈타이너 트리 ✏

페르마 점은 삼각형의 세 점 A, B, C에 이르는 거리의 합이 최소가 되는 점이다. 수학 체험전에서는 다루지만, 수학 시간에 다루지 않고, 생활과학의 비눗방울과 함께 소개된다. 우선 페르마 점을 확인하기 위해 지오지브라로 페르마 점부터 만들어보자. 방법은 다음과 같다.

① 임의로 삼각형 ABC를 만든다.

② 세 변을 각각 한 변으로 하는 정삼각형 p, q, r을 만든다.

③ 각각의 정삼각형에 외접원을 만든다.

④ 외접원의 교점을 만든다(페르마 점)

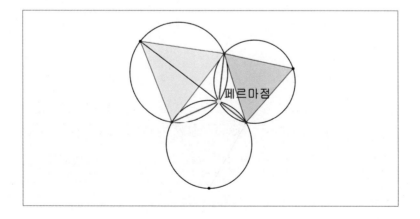

해당 그림처럼 세 외접원의 교점이 페르마 점이고, 이 점으로부터 세 꼭짓점 A, B, C에 이르는 거리의 합은 최소가 되는 성질이 있다. 그리고 페르마 점에 의해 만들어지는 세 각은 모두 120도로 같다. 이 현상이 비눗방울에서 관찰된다.

비눗방울은 대표적인 극소 곡면으로, 표면장력으로 인해 표면의 넓이가 최소가 되는 형태인 구면의 모양을 띤다.[11] 비눗방울은 여러 방울이 겹칠 때, 일정한 규칙에 따라 만들어진다(다음 그림 참고). 다음 그림처럼 세 개의 비눗방울이 겹치면, 극소 곡면의 성질에 따라, 세 구면에 의해 만들어지는 교점은 페르마 점이 되고, 중심에서 이루는 세 각은 모두 120도다.

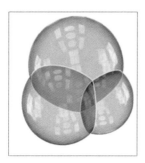

해당 비눗방울을 관찰하기 위해서, 비누와 주방 세제를 이용해서 여러 차례 관찰해보는 실험이 필요하고, 이것을 좀 더 쉽게 도움을 줄 수 있도록 시판되고 있는 아크릴판으로 관찰하는 방법이 있다. 그리고, 관찰이 끝나더라도 모델링 작업이 필요하다. 여기에 컴퓨터를 사용하면 도움이 많이 된다.

예를 들어, 무지개의 원리를 계산하기 위해서 프리즘을 통과한 빛을 관찰하거나, 광학 실험기를 이용하더라도 다음 그림처럼 모델링이 있다면 이해가 훨씬 쉽게 될 수 있다. 이 그림은 물방울을 통과하는 빛의 굴절을 이해하기 위해 만든 것이다. 가시광선이 무지개로 보이기까지, 빨간색과 보라색의 굴절률 차이에 따른 반사 과정을 모형화했다.

---

11) 최재경, 『최소넓이 곡면의 수학』, 2007, p.7-71.

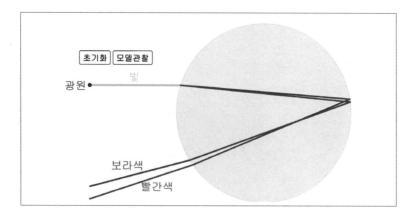

비눗방울 상황에서 3개의 비눗방울만 붙는 게 아니라, 여러 개의 비 눗방울이 붙을 수 있는데, 만약 4개의 비눗방울이 붙는다면 어떻게 될 까? 수학으로 상황을 바꿔서 표현한다면, 네 지점을 연결할 수 있는 가장 짧은 선분을 만들려고 한다면 어떻게 해야 할까?

이 문제의 답을 찾으면서 알게 된 사실은, 비눗방울 관련한 연구 역 사가 짧다는 것이다. 일상생활에서 흔히 볼 수 있는 비눗방울 연구가 이제 시작 단계에 불과했다.

네 개의 지점을 연결하는 가장 짧은 선분은 다음 그림의 빨간 선이 다.[12]

---

12) http://jwilson.coe.uga.edu/MATH7200/Sect5.3.html

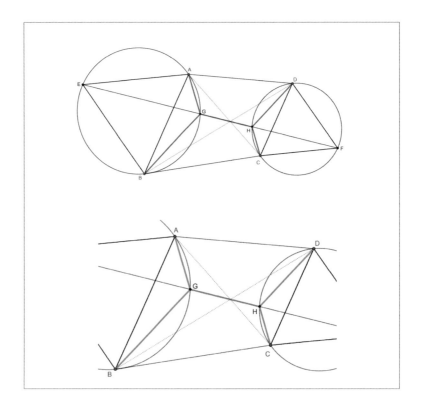

앞의 그림처럼 새로운 교차점 G, H를 넣어줌으로써 최단 연결 트리를 만들 수 있다는 생각을 한 사람이 스위스 수학자 스타이너(Jacob Steiner, 1796-1863)다. 이런 구조를 스타이너 트리라고 부른다. 통신선로, 도로망 같은 네트워크를 조직할 때 매우 유용해 보인다.

간단하게 뢸로 도형과 스타이너 트리를 소개해 봤다. 뢸로 도형은 고등학교 미적분이나 삼각함수를 배운 학생이라면 컴퓨터를 이용해서 만들어보는 경험을 할 수 있다. 스타이너 트리는 중학생 수준에서도 도형으로 다뤄볼 수 있고, 고등학교 공간도형을 이해한 학생이라면 훨

씬 쉽게 다뤄볼 수 있다. 이 두 가지는 고등학생 수준이라면 다룰 수 있는 일종의 교양학습이라고 생각한다. 또한, 수학에 관심이 있는 동아리 학생이 보고서로 써오는, 자주 등장하는 주제다. 이것을 컴퓨터를 이용해서 만들어본 경험이 있는 학생은 그림과 글로만 이해한 학생보다 지식 적용 능력이나 이해의 수준이 높아질 수 있다.

제 **3** 장

×

수학으로 생각하는 벽 넘나들기

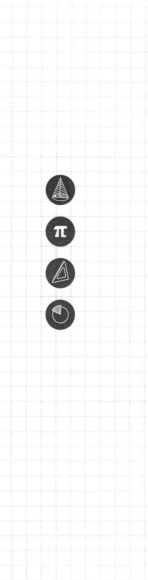

72의 법칙

1.001^{1000}이 대략 얼마일지 상상해보자. 1.001에 1000번을 곱한 결괏값이 곧바로 연산되는 사람이 있을까? 이 질문의 답을 찾기 전에, 이 문제와 관련해서 내가 경험했던 이야기를 하나 들려주려고 한다.

우리 학교에 보험사 직원 두 분이 방문한 적이 있었다. 모든 교사를 직원회의실에 모아두고, 보험사 저축상품을 설명하면서 문제를 하나 냈다. 지금 그 문제가 정확히 기억나지는 않는다. 하지만, 이런 식의 질문이었다. 월 10만 원씩 12개월 동안 월 복리 5%의 이율로 적금을 넣는다면, 얼마의 이자가 발생할까? 이때, 질문이 나오자마자, 곧바로 대답했고, 정답과 불과 500원 차이가 났다. 보험판매원은 매우 놀란 기색이 역력했지만, 그 상황을 넘어가야 했던 판매원은 정답이 아니라고 했다.

당시에, 내가 암산이 뛰어나서 계산했던 게 아니라, 직업병에 의한 잦은 이자 계산 경험과 숫자에 대한 집착 때문에 빨리 대답할 수 있었다.

빠른 이자 계산을 하는 유명한 방법으로 72의 법칙이 있다. 72의 법칙은 원금이 두 배 되는 주기를 빠르게 알아내는 데 유용한 방법이다.

야코보 데 바르바리의 루카 파치올리의 수상, 1495년

출처: ko.wikipedia.org/wiki/루카_파치올리#/media/파일:Pacioli.jpg

예를 들어, 이율 6%로 원금이 두 배가 되는 기간을 구하려면, 72를 6으로 나누어보면 12가 나온다. 이율이 6%라면, 12년 뒤에는 원금이 두 배가 된다는 뜻이다. 이렇게 해서 두 배가 되는 주기를 쉽게 알고 나면, 의외로 실생활에서 편리하게 써먹을 곳이 많이 있다.

동아리 시간에 학생들과 엑셀 프로그램을 이용해서 70, 71, 72 등 값을 바꿔보면서, 다양한 이율로 검증을 해봤다.

[엑셀에서 수식을 입력한 방법]

연복리(%)	실제 2배 주기	69.3의 법칙		72의 법칙	
		2배주기	오차	2배주기	오차
0.5	=LOG10(2)/LOG10 (1+B3/100)	=69.3/(B3)	=C3-D3	=72/B3	=C3-F3
1	=LOG10(2)/LOG10 (1+B4/100)	=69.3/(B4)	=C4-D4	=72/B4	=C4-F4
1.5	=LOG10(2)/LOG10 (1+B5/100)	=69.3/(B5)	=C5-D5	=72/B5	=C5-F5

[69.3과 72 비교]

연복리 (%)	실제 2배 주기(년)	69.3의 법칙		72의 법칙	
		2배주기	오차	2배주기	오차
0.5	139	138.6	0.4	144	-5.0
1	69.7	69.3	0.4	72	-2.3
1.5	46.6	46.2	0.4	48	-1.4
2	35.0	34.6	0.4	36	-1.0
2.5	28.1	27.7	0.4	28.8	-0.7
3	23.4	23.1	0.3	24	-0.6
3.5	20.1	19.8	0.3	20.5	-0.4
4	17.7	17.3	0.3	18	-0.3
5	14.2	13.8	0.3	14.4	-0.2
6	11.9	11.5	0.3	12	-0.1
10	7.3	6.9	0.3	7.2	0.1
12	6.1	5.7	0.3	6	0.1
15	5.0	4.6	0.3	4.8	0.2

엑셀 수식에서 분자의 $\ln(2)=0.693$이다. 그래서 72의 법칙이 만들어졌다고 추론할 수 있다.[13] 표에서 5%-15%의 연복리일 때, 72의 법

---

13) ln2가 나오는 이유는 아랫부분에 있다.

칙은 오차가 0.2이내로 매우 작다. 그리고, 4% 이하에서는 69.3의 법칙이 오차가 더 작다. 결과적으로, 파치올리가 살던 시기에는 금리가 12% 정도 되지 않았을까라고 생각해 볼 수 있고, 요즘에는 금리가 내려가서 72법칙에 오차가 커졌다고 생각한다. 그래서, 요즘 금리에서는 72보다는 71이나 70이 더 정확하게 맞는다는 것을 확인했다. 이것을 좀 더 수학적인 방법으로 확인해보자. 이율이 6%일 때, 10년 후의 배율은

$$(1 + 0.06)^{10} = 1.790847697$$

이다. 이런 방식으로 두 배 되는 주기를 구하는 식을 만들어보면 되겠다. 우선, 이율을 r% 라고 하고, 두 배가 되는 연수를 계산하는 식을 만들면 다음과 같다.

$$\left(1 + \frac{r}{100}\right)^n = 2 \ \text{-------(*)}$$

n은 이자가 붙는 연수(횟수)이고, n번 곱했을 때, 2(배)가 나오는 식을 만들었다. 이제, n을 구하는 게 우리의 목적이다.

$$n \times \ln\left(1 + \frac{r}{100}\right) = \ln 2, \quad n = \frac{\ln 2 \times \ln 100}{\ln(100 + r)}$$

n을 구할 수 있는 식이 표현은 됐지만, 만족스럽지 못하다. 다시, 처음의 질문으로 돌아가자. 1.001^{1000}은 얼마일까? 비슷한 질문으로 1.0001^{10000}, 1.01^{100}은 얼마일까? 수학 시간에 보는 $\lim\limits_{n \to \infty}\left(1 + \dfrac{1}{n}\right)^{n}$는 매우 익숙한 표현이다. 자연상수

$$e = 2.71828\ldots$$

는 스위스의 수학자 레온하르트 오일러의 이름을 땄으며, 무리수이자 초월수로 알려진, 해당 식의 극한값이다. 수업 시간에 가장 익숙하게, 그리고 열심히 배우고 익힌 수학 개념이었다.

그런데, 왜 1.001^{1000}의 값을 대답하지는 못하는 걸까? 기껏, n 대신에 숫자가 들어갔을 뿐인데, 표현이 달라진 것만으로 학생들은 인식하지 못했다. 우리가 어떤 식이나 개념을 제대로 이해하기 위해서는 다양한 경험이 필요하다. 식을 이리저리 조작해 보거나, 컴퓨터를 사용해서 그 래프를 그려보거나 움직여보는 활동은 지식을 매우 유연하게 만들어 주는 활동이다.

어찌 됐든, 던졌던 질문의 계산부터 해보자.

$$1.01^{100} = 2.704813829$$
$$1.001^{1000} = 2.716923932$$
$$1.0001^{10000} = 2.718145927$$

우리가 이런 방식으로 계속해서 지수를 크게 만들수록 e에 가까워진다. 수학 시간에 배웠지만, 표현이 달라지면 학생들은 새로운 문제 상황이 된다. 그래서, 수업 시간에 다양한 예제들을 풀어보면서 연습한다. 연습을 통해서 표현의 다양성을 익히고, 유연성을 기른다. 아쉬운 점은 교과서의 연습문제들이 정해진 정답을 찾는 표현만 있다는 것이다. 학생들이 연습을 통해서 창의력을 키우거나, 확장된 생각을 하기보다는 정해진 틀에 맞는 사고로 익숙해져 갈 뿐이다. 만약, e와 관련된 시나 수필을 써보는 문제를 준다면 어떨까? 혹은 이야기를 지어보라고 하는 것도 좋을 것 같다. 다음 네 문제 중에서 ②번, ④번 상황이 학생의 창의적 사고를 키우기에 도움이 되지 않을까?

① 10의 모든 약수를 구하시오
② 약수가 3개인 정수를 구하시오
③ 타원 $\dfrac{x^2}{9} + \dfrac{y^2}{4} = 1$의 초점을 구하시오
④ 초점이 $(2,0)$, $(-2,0)$인 이차곡선을 3개 이상 구하시오.

며칠 전 수업 시간에 타원을 배우면서 학생들과 독일의 천문학자 케플러(Johannes Kepler, 1571~1630)의 행성 운동 법칙에 대해 매우 짧은 이야기를 했다.

> **제1 법칙(타원궤도의 법칙)**
> 행성은 태양을 한 초점으로 하는 타원궤도를 그리면서 공전한다.
> **제2 법칙(면적속도 일정의 법칙)**
> 행성과 태양을 연결하는 가상의 선분이 같은 시간 동안 쓸고 지나가는 면적은 항상 같다.

이 케플러의 법칙을 문장만 바꿔서 이렇게 이야기했다. (케플러의 제 1법칙) "나는 너를 초점으로 하는 타원궤도를 그리면서 돌고 있어. 때로는 가깝고, 때로는 멀어지기도 하지만, (케플러의 제 2법칙) 항상 같은 마음의 크기로 너를 바라보며 돌고 있어."라는 아주 짧고, 말도 안 되는 듯한 이야기를 했지만, 남학생들 사이에서는 탄성이 나왔다.

확률과 통계를 시작할 때 등장하는 이야기가 도박사 드 메레와 파스칼이다. 동아리 학생들을 대상으로 드 메레가 파스칼에게 보낸 편지의 답장을 적어보는 활동을 시킨 적이 있다. 학생은 스스로 위대한 수학자 파스칼이 되어 드 메레에게 답장을 쓰면서 무슨 생각을 했을까.

다시, 본론으로 돌아가자.

$$\left(1 + \frac{r}{100}\right)^n = 2$$

방금 전 생각했던 $\left(1 + \frac{1}{n}\right)^n$ 과 표현이 비슷하다. 이 식의 특징은 $n \times \frac{1}{n} = 1$, 곱해서 1이 되는 두 수가 포함된다. 만약, $\left(1 + \frac{r}{100}\right)^{\frac{100}{r}}$ 로 표현된다면, e와 관련지어 생각해볼 수 있다.

$$\left(1+\frac{r}{100}\right)^n = \left(1+\frac{r}{100}\right)^{\frac{100}{r}\frac{r}{100}n} \text{으로 표현을 바꾼다.}$$

$\left(1+\frac{r}{100}\right)^{\frac{100}{r}}$ 의 값이 실제 e와 오차는 있지만, 우리가 하려는 것은 빠르게 두 배 되는 주기를 찾는 대략적인 방법이다. 우선 오차를 무시하고 진행해 본 후, 나중에 검증해 보기로 하자.

$$\left(1+\frac{r}{100}\right)^n = \left(1+\frac{r}{100}\right)^{\frac{100}{r}\frac{r}{100}n} = e^{\frac{rn}{100}} = 2$$

따라서,

$$\frac{rn}{100} = \ln 2$$

$$n = \frac{100 \cdot \ln 2}{r}$$

$$n = \frac{69.314718056}{r}$$

바로, $\ln 2$의 값이 $0.693147\cdots$ 이고, 이 값에 의해, 72의 법칙이 만들어졌다는 것을 알 수 있다.

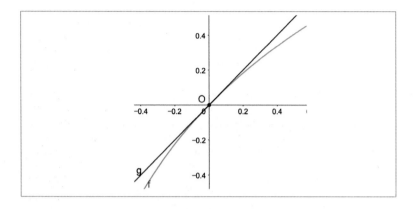

$y = \ln(1+r)$의 $r=0$에서의 접선을 구해보면, $y = r$이다. 따라서, $\ln(1+r)$을 r로 대체해서 사용할 경우, r이 커질수록 오차가 커지는 것이 확인되며, 분자를 0.693보다 0.72를 사용한 계산이 오차가 작다는 것을 표에서 확인했다. 이렇게 해서, $n=0.72/r$이라는 72의 법칙이 탄생한 것이다.

대략적인 계산을 통해서 69나 70을 이율로 나눴을 때, 원금이 두 배 되는 주기를 구할 수 있다는 것을 확인하는 경험을 했다. 동아리 활동에서 69, 70, 71, 72 네 가지 숫자를 가지고, 이율에 따른 두 배 주기가 맞는지 확인하는 활동을 통해서 기존의 이론을 수정해보는 경험은 학생들에게 매우 소중한 경험이었다. 당시 72의 법칙이 잘 맞았던 것은 금리가 높았을 거라는 추측을 했고, 요즘 금리가 낮은 상황에서는 70으로 하는 것이 더 정확하다는 결론을 얻었다. 그리고 여기에서 자연 상수 e가 지수를 빠르게 연산하는 데 활용됐다. 연결고리가 없을 것 같은 다른 영역의 지식이 연결되어 있을 때, 매우 경이롭다는 생각이 든다.

$\sin x$의 적분 시각화 ✏️

교과서에서 삼각함수의 적분 첫 부분은, 부정적분 공식이 등장한다. $\int \sin x$가 $\cos x$라고 나오고, 따로 설명이나 증명은 없다. 다만, 미분의 역연산으로 당연하게 생각한다.

적분이라고 하면, 학생들이 떠올리는 첫 번째 생각이나 대답은 "쌓는다."이다. 뭘 쌓는 것에 대한 주어는 없다. 적분이 '나누고 쌓는다'는 한자어라고 생각한다. 수업 시간에 들었던 가장 기억에 남는 말이었나 보다. 정적분을 처음 배울 때는 다음과 같은 식 표현이 등장한다. 그리고, 학생들에게는 고통이 시작된다.

$$\int_a^b f(x)dx = \lim_{n \to \infty} \sum_{k=1}^n f\left(a + \frac{b-a}{n}k\right) \cdot \frac{b-a}{n}$$

이 식은 곡선의 영역을 '밑변×높이'로 표현되는 무수히 많은 직사각형으로 채워서, 그 넓이의 합으로 정적분을 계산한다는 의미로 학생들이 배운다.

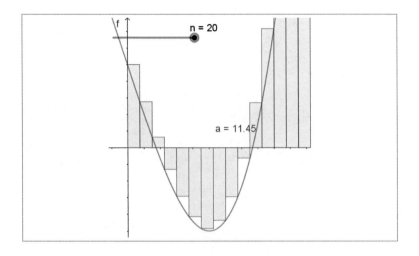

이렇게 해서 정의가 되면, 학생들은 $\int_a^b f(x)dx$ 로 표현되는 적분을 계산할 수 있다. 이 표현도 찬찬히 보면, $f(x)$와 dx의 곱으로 표현되어 있어서, 결국,

'x값의 변화(dx)와 높이($f(x)$)의 곱을 쌓는다($\int$)'

는 의미가 된다고 생각할 수 있다.

여기서부터 내 궁금증이 시작됐다. 적분이 넓이나 부피로 표현되는 것을 누적해서 구하는 것이라면, sin, cos, tan를 비롯한 많은 곡선을 시각화 할 수 있을 것 같았다.

$\sin x$의 적분이 의미하는 것이 뭘까? $\sin x$의 적분을 미분의 역연산으로 $\cos x$를 되돌려 놓는 작업 정도로만 소개하는 것은 재미가 없다.

의미를 음미할 새 없이 여러 가지 적분법과 연산 연습을 통해서 학생들에게 숙지시키려는 작업이 이어지기만 한다. 그래서, 처음부터 다시 살펴보기로 했다.

왜 $\displaystyle\int_{0}^{\frac{\pi}{2}} \sin\theta\, d\theta$ 의 적분 값이 1이 되는 걸까? 단위원에서 이 범위의 넓이는 $\frac{\pi}{4}$ 이다. 1은 $\frac{\pi}{4}$ 보다 더 크니까, 적분 값이 원의 넓이보다 크다는 의미가 된다. 식의 표현을 해석해 보자면, $\sin\theta$ 와 $d\theta$의 곱한 값을 0부터 $\frac{\pi}{4}$ 까지 쌓는다는 뜻이다. $d\theta$는 각의 변화율이고, $\sin x$는 각 x의 값에 따라 정해지는 0부터 1까지의 값을 갖는 삼각비이며, 각에 대한 높이다. dx가 각의 변화율이기 때문에, $l = r \times \theta$를 이용하면, $d\theta$를 dl로 연결 지어 생각할 수 있다. 호의 길이의 변화율과 $\sin\theta$를 곱한 넓이를 생각해보기로 했다.

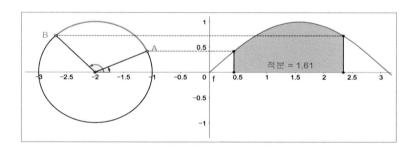

앞의 그림은 지오지브라를 이용해서 임의의 각 범위에서 적분했을 때, 적분 값을 관찰하기 위해서 만든 그림이다. 두 점 A, B가 x축의 양의 방향을 기준으로 회전한 각에 따라, 적분 값을 자동으로 계산한다. 첫 번째로 생각한 것은, 두 점 A, B를 잇는 호의 길이와 넓이의 연관성이었는데, 쉽게 발견되지 않았다.

다음 그림처럼 두 점 A, B에 의해 만들어지는 경계선을 그리고, 직사각형을 만들어서 넓이를 관찰한다. 직사각형의 넓이가 정확히 적분 값과 일치하는 것을 관찰할 수 있다. 결국, $\sin x$의 적분은 A, B점을 경계로 하는 직사각형의 넓이라는 것을 얻을 수 있다. 이것은 1인 선분들을 두 점 A, B의 x좌표 구간을 따라 쌓았다고 생각할 수 있다.

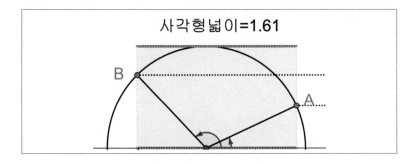

더 나아가, 직사각형의 넓이에서 높이는 1로 고정되기 때문에, 호 AB의 정사영[14]인 밑변의 길이가 적분 값이 된다고 생각할 수도 있다. 우리가 이 사실을 알고 있다면,

---

14) 이것은 뒷장의 '구면을 평면으로 펼치면'이라는 주제에서 나오는 이미지와 이어지기도 한다.

$$`\int_{\alpha}^{\beta} \sin\theta d\theta \text{ 는 밑변의 길이'}$$

와 연관 지어서 풀이할 수 있다고 생각할 수 있다.

결국, $\int_{\alpha}^{\beta} \sin\theta d\theta = [-\cos\theta]_{\alpha}^{\beta} = -\cos\beta + \cos\alpha$ 로 풀이하는 것과 기하학적 해석이 연결된다. 반지름이 1로 고정된 상태에서 $\cos x$는 밑변의 길이이고, 밑변은 점 A, B의 x좌표이므로, 밑변의 길이를 구하는 것이나 x좌표의 거리를 구하는 행위가 적분 값을 구하는 것과 같다.

여기까지의 내용을 정리해 보면,

$$\int_{a}^{b} \sin x dx = A, \ B로 \ 만든 \ 경계영역의 \ 직사각형의 \ 넓이$$
$$= 밑변의 \ 길이$$

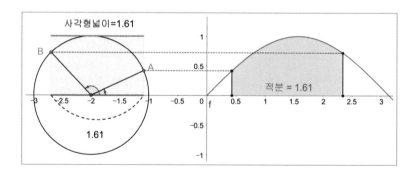

앞의 그림은 $\sin x$의 적분을 시각적으로 표현해서 보여주는 지오지브라 화면이다. 당연히, 관련 내용에 대한 논증이 뒤따라야 하는 것은 수학 교사의 의무다. 하지만, 이곳에 논증을 실으면서 어렵게 이것을 이해해야 한다거나 하는 글이 되고 싶은 마음이 전혀 없다. 학교에서 프로젝트 수업이나 수학 과제 탐구로 논문이나 인터넷 검색을 통해서 무언가 새로운 것, 깊이 있어 보이는 것을 찾으려고 애쓰기보다, 쉽게 받아들였던 개념이나 당연하게 받아들였던 이론에 관해서조차도 탐구해 볼 가치가 있는 지식이 될 수 있다는 것을 이야기하고 싶었다. 그리고 이런 생각은 수학을 매력 있게 만들고, 학문으로서 접근하는 시작이 될 수 있다.

수업 시간에, $\sin x$의 적분을 $\cos x$를 이용하지 않고, 거꾸로 가본다면 어떨까? $\sin x$의 적분이 단위원에서 직사각형의 넓이가 된다는 것으로부터 출발하고, 이것을 이용해서 $\cos x$를 이용할 수 있도록 돕는 활동도 재밌겠다.

수학2에서는 정적분을 배우면서 넓이에 관련한 다음과 같은 연산이 자주 등장한다.

$$\int_a^b f'(x)dx = f(b) - f(a)$$

그리고, 그래프와의 연관성을 통해서, $f'(x)$의 적분은 넓이를 의미하고, 이것이 $f(x)$에서는 높이의 차이가 된다는 것을 설명한다.

다음 그림을 보자. 빨간 선은 $f'(x)$이고, 파란 선은 $f(x)$이다. $f'(x)$의 임의의 범위에서의 적분 값이 $f(x)$의 높이차와 비교했을 때, 크기(절댓값)가 같다는 것을 쉽게 발견할 수 있다.

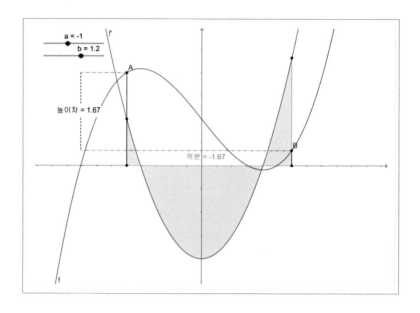

우리는 바로 전에 $\sin x$의 적분을 그래프로 이해해 봤다. $\sin x$를 미분한 식으로 보고, 미분하기 전의 식을 $\cos x$로 본다면, 같은 방식으로 이해할 수 있다.

$\sin(x)$의 넓이는 미분하기 전 함수인 $\cos(x)$의 값의 차이

즉, 반지름의 길이가 1이므로, x좌표 사이의 '거리'라고 읽을 수 있다.

이제, $\sin x$에서 얻은 아이디어를 $\cos x$로 가져와 보자.

$\cos(x)$는 $\sin(x)$의 여각이니까, $\sin(x)$에서 했던 생각의 방법을 그대로 사용해 보자. $\sin x$에서 얻은 결론은 밑변의 길이였다. 그렇다면, $\cos x$의 적분은 높이와 관련이 있을 거로 추측할 수 있다. 단위원에서 임의의 두 점을 만들어 각을 변화시키면서, 각, 높이 차이, 적분 값의 관계를 발견하는 것은 매우 쉬운 일이다.

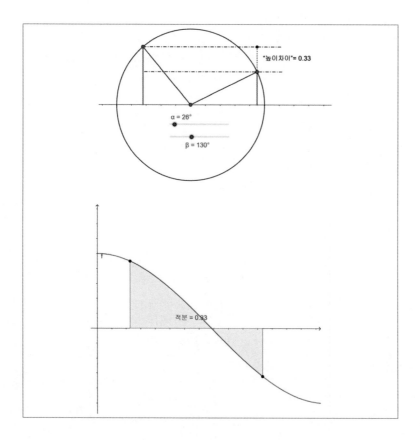

여기까지의 내용을 정리해보면,

$$\int_{a}^{b} \cos x\, dx = \text{두 점이 만드는 직사각형의 높이}$$

삼각 치환 적분의 시각화 ✏

좀 더 복잡한 삼각함수의 적분인 일명, 삼각 치환에서도 이런 방식의 생각을 연결 지을 수 있을까?

우선, $\int_{-\frac{1}{2}}^{\frac{\sqrt{3}}{2}} \sqrt{1-x^2}\, dx$ 의 적분으로 생각해보자.

$\int_{-\frac{1}{2}}^{\frac{\sqrt{3}}{2}} \sqrt{1-x^2}\, dx$ 을 적분하기 위해서 반원을 그리는 경우가 많이

있다. $y = \sqrt{1-x^2}$ 의 그래프가 다음 그림처럼 반원이기 때문이다.

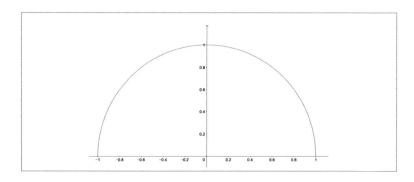

x의 값을 $-\dfrac{1}{2}$부터 $\dfrac{\sqrt{3}}{2}$까지 누적시키면서 함숫값을 곱하면 곡선 아랫부분의 넓이가 된다는 것을 이용해서 쉽게 구할 수 있다.

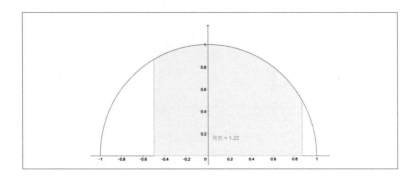

이 도형의 넓이는 적분하지 않고, 부채꼴과 삼각형의 넓이로 쪼개서 구해도 되는 편리한 도형이다. 학생들이 매우 편하게 받아들이는 도형 중 하나다.

다음 그림은 17개의 직사각형을 채워놓은 상합과 하합, 그리고 적분 값을 표현했다.

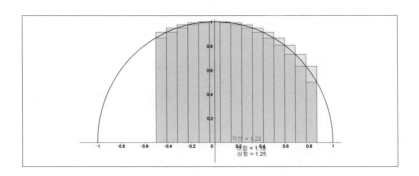

$y = \sqrt{1-x^2}$ 에서의 적분은 어떤 선들의 적분인지가 명확해서 상상하기 쉽다. 그래서 학생은 의심 없이 반원 아랫부분의 넓이를 구한 결과로 적분 값이라고 받아들인다.

이 합리적으로 보이는 상상력이 어디까지 통할까? 만약, 사이클로이드 곡선의 적분은 어떤 선들의 적분인지 묻는다면, 이때에도 동일한 대답이 가능할까? 사이클로이드 곡선에 관해 이야기하려면, 삼각치환에 대한 이해가 좀 더 필요하다. 미적분 시간에 배우는 사이클로이드 곡선은 삼각함수의 매개변수로 표현되는 곡선이며, 그 설명이 짧게 소개되어 있다. 그리고, 적분 계산이나 미분을 통해서만 다뤄지고 있다.

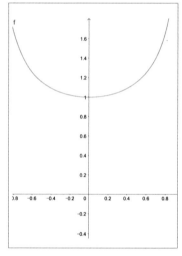

$y = \dfrac{1}{\sqrt{1-x^2}}$ 의 그래프는 다음과 같다. 조금 전 다뤘던 식의 역수로 도저히 기존의 공식을 사용해서 적분 값을 구하기 어려울 것 같은 생각이 든다. 영문자 "U"처럼 생겨서, $x = \pm 1$을 점근선으로 가지는 그래프다. 이 그래프의 적분을 다룬 교과서의 풀이는 매우 아름답다.

하지만, 학생들이 받아들이기에는 기계적인 부분이 많다고 느낀다. 삼각함수로 치환하고, 범위를 각으로 바꿔야 하며, 삼각함수 적분공식을 이용해서 답으로 이르는 전반적인 과정이 이해는 가지만, 빵 먹고 물을 안 먹어서 식도가 막힌 기분이 든다.

이 그래프와 식도 반원처럼 그래프를 떠올리고, 넓이 공식을 이용해서 풀 수 있을까? 수학의 논리가 아름다운 이유 중 한 가지는, 하나의 원리나 개념에서 다양한 생각들이 연결될 수 있다는 것이고, 앞에서 다뤘던 논리가 동일한 맥락으로 이어질 수 있다는 점이다.

만약, 반원에서 했던 방식의 논리가 성공한다면, 다음과 같은 식을 어려운 절차나 계산 없이도 적분 값을 얻을 수 있다.

예를 들어, $\int_{-\frac{1}{2}}^{\frac{1}{\sqrt{2}}} \frac{1}{\sqrt{1-x^2}} dx$ 의 적분 값을 계산한다고 해보자.

우선, $f(x) = \dfrac{1}{\sqrt{1-x^2}}$ 의 그래프를 그려서 적분 값을 관찰해보기로

하자.

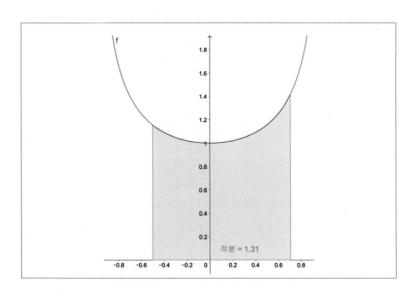

그래프에서 적분 값을 관찰하는 것만으로는 반원에서처럼 쉽게 특징이 드러나지 않는다.

삼각 치환을 통해서 적분 값을 구하는 과정을 그림으로 표현해보기로 해보겠다. 우선 생각해볼 것은 치환하기 위해서 삼각함수를 이용한다는 것이다. 그렇다면, 우리가 그려봐야 하는 것은 단위원이다. 단위원에서 각의 변화와 적분 값의 변화를 관찰해서 연관성을 발견해보는 작업을 하면 되겠다는 생각이 든다. 또, $\sin x$에서 사고했던 방식처럼, 각이나 넓이, 호의 길이 등 각과 연관된 요소로 사고를 확장해보면서 관찰해보는 것이 좋겠다.

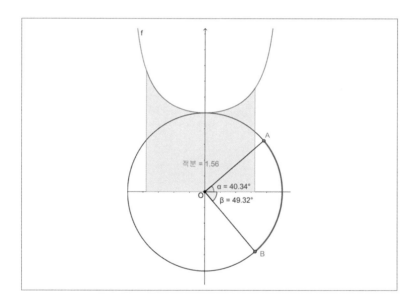

단위원을 그린 후, 원 위의 임의의 두 점 A, B와 이에 따라 결정되는 두 각 α, β를 만들었다. 그리고, $f(x)$의 적분 값이 두 각 A, B에 의해 결정되는 x의 범위로 만들었다.

육십분법에 따라 표현되는 각과 적분 값 사이의 관계를 발견하기는 어려워서 호도법으로 바꿔줘야 한다. 그리고, 단위원에서는 호의 길이가 각과 같아서 호의 길이를 구해서 관찰해보기로 하자.

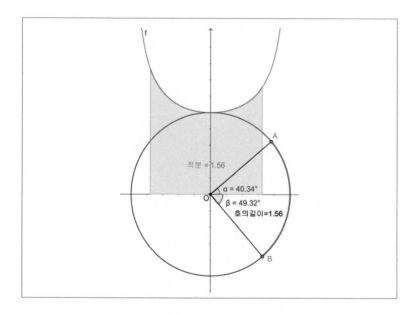

　각을 변화시키면서 적분 값과 호의 길이의 관계를 살펴보면 일치하는 것이 확인된다. 그렇다면, 적분 값은 결국 호의 길이를 의미하는 걸까? 적분 값에 영향을 주는 요인이 어떤 것인지 정확히 알아내기 위해서는, 반지름을 바꿔보면서 관찰해야 한다. 이제, 원의 반지름을 바꿔보자.

　반지름이 2일 때,

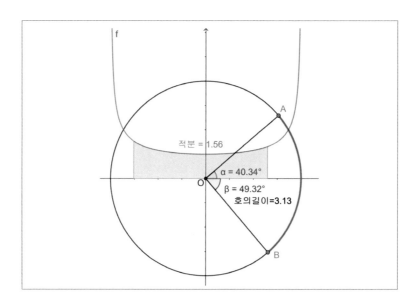

반지름이 3일 때,

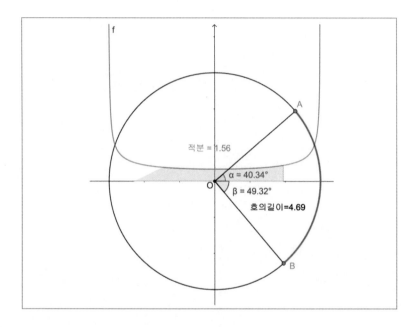

여기에서, 쉽게 관찰되는 것은 적분 값이 변하지 않았다는 것이다. 반지름이 달라졌지만, 적분 값은 변하지 않았다.

반지름이 변해도, 적분 값은 일정하다.

그렇다면 적분 값이 호의 길이를 의미하지 않는다. 그림에서 달라지지 않은 것은 또 하나 있다. 바로 '각'이다. 반지름은 변했지만, 각은 변하지 않았다. 반지름을 바꿔보면서, 변하는 것과 변하지 않는 것들을 관찰해보면, 호의 길이는 달라지지만, 적분 값과 사잇각($\angle AOB$)은 변하지 않으며, 두 값이 일치하는 것을 관찰할 수 있다.

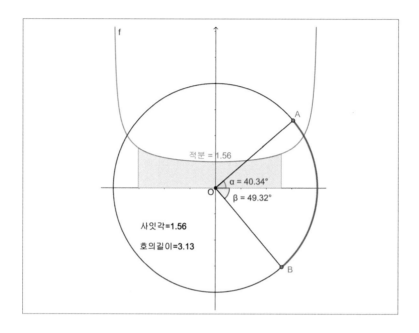

$\displaystyle\int_{-\frac{1}{2}}^{\frac{1}{\sqrt{2}}} \frac{1}{\sqrt{1-x^2}}\,dx$ 의 적분 값이 가지는 의미는 사잇각을 의미한

다는 것을 얻어냈다.

거꾸로 읽어서 생각해보면, 사잇각이 $f(x) = \dfrac{1}{\sqrt{1-x^2}}$ 의 적분 값으

로 표현된다는 재미있는 결과라고 생각해 볼 수도 있다.

게다가, $\displaystyle\int_{-\frac{1}{2}}^{\frac{1}{\sqrt{2}}} \frac{1}{\sqrt{r^2-x^2}}\,dx$ 으로 반지름이 변해도 적분 값이 변하지

않고, 항상 사잇각이 나온다는 것도 발견할 수 있었다.

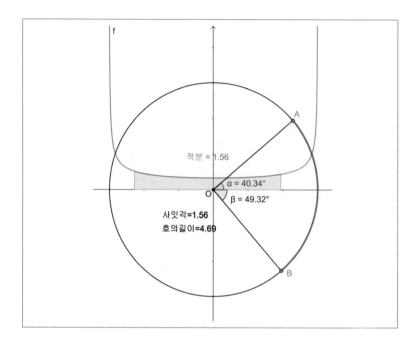

'$\displaystyle\int_{-\frac{1}{2}}^{\frac{1}{\sqrt{2}}} \frac{1}{\sqrt{r^2-x^2}}\,dx$는 반지름에 상관없이 사잇각'

다음 쪽에는 부연 설명을 넣어두었다. 부연 설명을 보고 나면, 허무할 수 있는데, 여기까지 한 것은 결국 식을 그림으로 표현한 것이라고 생각할 수 있기 때문이다.

하지만, 이것을 다뤄본 이유는 많은 학생이 삼각 치환의 기하적 의미를 다루지 않고, 기계적으로 연산하고 있기에 마치 계란 밑을 약간 깨서 세워 보이는 것처럼, 이미 알 수도 있고, 알고 있지만 알지 못했던 것을 깨우쳐 주고 있는 내용 정도로 봐주기 바란다.

[부연설명]

$\displaystyle\int_{-\frac{1}{2}}^{\frac{1}{\sqrt{2}}} \frac{1}{\sqrt{1-x^2}}\,dx$를 예로 들어보자.

$x=\sin\theta$로 치환하고, 적분범위 $-\dfrac{1}{2} \le x \le \dfrac{1}{\sqrt{2}}$는 $\sin\theta$의 값에 의

해 정해지는 θ의 범위로 치환해야 한다. 이때, $\sin\theta$의 그래프 중 일부인

$\left[-\dfrac{\pi}{2},\ \dfrac{\pi}{2}\right]$ 범위에서 생각한다.

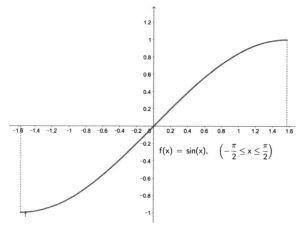

$f(x) = \sin(x), \quad \left(-\dfrac{\pi}{2} \le x \le \dfrac{\pi}{2}\right)$

$-\dfrac{1}{2} \le x \le \dfrac{1}{\sqrt{2}}$일 때의 θ의 범위는, $-\dfrac{\pi}{6} \le \theta \le \dfrac{\pi}{4}$이다.

$\displaystyle\int_{-\frac{1}{2}}^{\frac{1}{\sqrt{2}}} \frac{1}{\sqrt{1-x^2}}\,dx = \int_{-\frac{\pi}{6}}^{\frac{\pi}{4}} \frac{1}{\sqrt{1-\sin^2\theta}}\cos\theta\,d\theta = \int_{-\frac{\pi}{6}}^{\frac{\pi}{4}} d\theta$의

과정을 거쳐 적분 결과가 나온다.

이제, 다른 형태의 삼각치환에 대해서도 알아보자.

다음 그림은 $y = \dfrac{1}{4 + x^2}$ 의 그래프다. 변곡점이 두 군데 있어서 '여기에 넓이에 관한 패턴이 있을까' 하는 의심이 드는 그래프다.

우주선처럼 생겼다. 바다 멀리서 해가 바닷속으로 잠기기 직전의 마지막 장면 같기도 하다. y축 대칭이 쉽게 관찰되어 y축을 기준으로 오른쪽 부분만 적분하면 된다는 이점이 보인다. 하지만, 원이나 사각형처럼 특정한 넓이 공식을 사용할 여지는 없어 보인다.

$\displaystyle\int_{0}^{a} \dfrac{1}{1 + x^2} dx$의 적분 값에 대한 규칙성을 발견할 수 있다면, $f(x) = \dfrac{1}{r^2 + x^2}$ (r은 자연수)에 대한 규칙성도 발견할 수 있겠다. 이번에도 이전과 같은 방식의 시도를 해보자.

단위원에서의 임의의 두 점을 조작하고, 이에 따른 곡선에서의 적분 값이 나타나도록 만들겠다. 곡선에서의 적분 값과 단위원에서의 호의 길이, 각, 부채꼴의 넓이 등을 비교해보면서, 변하는 것과 변하지 않는 것을 비교해보겠다.

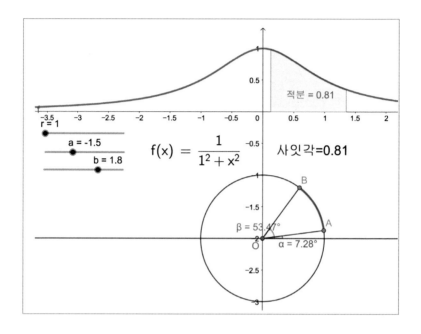

사잇각은 호도법으로 바꿔서 관찰하고, 사잇각 대신 호의 길이를
관찰해봐도 되겠다.

간단한 몇 번의 조작에서 쉽게 발견할 수 있는 것은

'사잇각과 적분 값이 같다.'

는 것이다. 사잇각이 적분 값인지 확인해보기 위해서 반지름과의 관
계를 살펴봐야 한다. 반지름을 r로 바꿔주고, r의 값을 변화시키면서
관찰해보면 되겠다. 이렇게 해서 다시 새로운 과제를 마주해야 한다.

'반지름이 변하면 적분 값과 일치하지 않음'

을 확인할 수 있다.

이제, 사잇각을 반지름으로 나눠보거나 곱해보는 조작을 해보면서 반지름과 적분 값의 관계를 관찰해야 한다. 다음 그림을 보자.

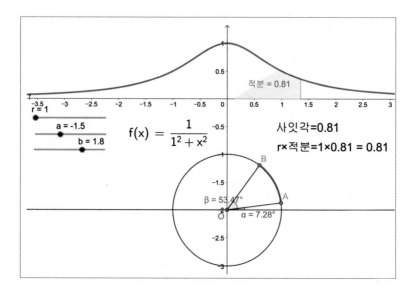

반지름이 1인 원에서 사잇각과 적분 값이 같음을 확인해보았다. 이제, 반지름을 2로 바꾼 다음 그림을 보자.

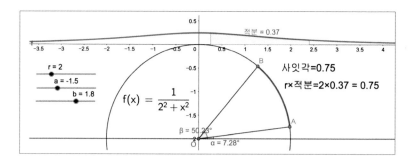

'적분 값에 반지름 r을 곱한 값이 사잇각과 일치'

하는 것을 확인할 수 있다. 이렇게 해서 $f(x) = \dfrac{1}{r^2 + x^2}$ 의 적분이 갖는 의미를 그림을 통해 확인해봤다.

수학의 공식이라는 것은 반복되는 알고리즘에 대해 규칙을 일반화해서 만들어 둔 일종의 지름길이라고 생각하는데, 여기서 관찰해서 얻은 결론을 $l = r\theta$를 이용해서 식으로 정리해 보기로 하자.

$f(x) = \dfrac{1}{r^2 + x^2}$ 의 적분값은 $\dfrac{\theta}{r} = \dfrac{\theta^2}{l} = \dfrac{l}{r^2}$ 으로 다양하게 표현할 수 있고, 이것을 기억한다면, 삼각치환 적분을 하지 않아도 되겠다는 생각을 할 수 있다.

이 부분은 오판이다. 지금까지 한 작업은 지름길이나 찾으려고 한 것은 아니다. 여기서 이야기하고 싶은 것은 수학 소재를 생각하는 방법의 다양한 방식을 이야기하려고 했던 것이지, 새로운 공식이 발견된다거나 샛길을 찾는 요령을 이야기하려는 취지라고 생각하면 안 되겠다. 문제 상황을 다른 시각으로 해석해보려는 시도나 경험, 그리고 이런 태도가 '수학이라는 학문이다.'라는 생각을 전달하고 싶은 것이다.

사잇각이 적분 값이라고? 🖊

우리는 두 가지 방식의 각을 사용하고 있다. 하나는 육십분법으로, $1°$, $2°$, $3°$, … 로 표현하는 방법을 말한다. 두 번째는 호도법으로 반지름에 대한 호의 길이의 비로 나타내는 방법이다. 육십분법으로 각을 나타낼 수 있음에도 호도법을 추가로 사용하는 것은 우리에게 많은 편리함을 안겨준다. 호도법에 의한 각 표현은, 방향과 실수의 속성을 모두 가지게 한다. 예를 들어, 원의 넓이는 πr^2, 부채꼴의 넓이는 $\frac{1}{2}r^2\theta$, 호의 길이는 $r\theta$와 같은 표현을 사용하는데, 이는 모두 실수 속성 표현이다.

각이 실수의 속성으로 사칙연산이 가능하고, 앞의 결과처럼 적분 값이 사잇각과 같은 값을 가진다는 결론은 호도법을 배운 이후에 우리가 자연스럽게 사용하는 방식이다.

수학의 논리적 아름다움은 이런 곳에 있다. 전혀 연결될 수 없을 것 같은 두 세계가 하나로 이어질 수 있게 해주는 수학의 논리는 다양한 곳에서 발견된다. 페르마의 마지막 정리를 증명하기 위해서 기하의 이차곡선을 이용하거나, 정수론에 등장하는 제타 함수가 양자역학과 이어져 있는 것, 세상에서 가장 아름다운 수식으로 알려진 오일러 수식처럼 허구의 세계를 통해 실재를 해석하는 논리는 수학이 가진 아름다움이며, 힘이다.

구를 종이 위에 펴기 ✎

구를 종이 위에 펼친 대표적인 예는, 세계지도다. 구를 펼치면, 정확히 직사각형과 일치시킬 수 있기 때문이었을까? 세계지도는 동그란 원에 그리지 않고, 직사각형 위에 표현되어 있다.

반지름이 R인 구의 부피는 $\frac{4}{3}\pi R^3$, 겉넓이는 $4\pi R^2$이다. 구의 부피를 미분하면 겉넓이가 나온다는 사실도 익숙하다. 다음 그림을 보면서 생각해보자.

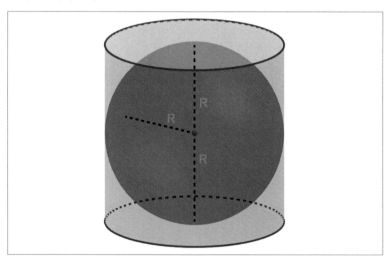

구의 반지름이 R이면, 원기둥의 밑면인 원은 원주의 길이가 $2\pi R$이다. 원기둥의 옆면을 펼쳐보면, 가로는 $2\pi R$, 세로는 $2R$인 직사각형이 된다.

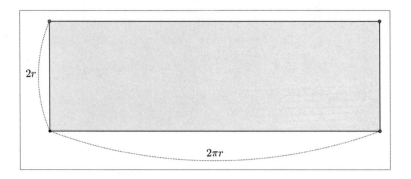

그래서, 원기둥 옆면의 넓이는 $4\pi R^2$으로 구의 겉넓이와 같다. 다른 방식으로 표현해보면,

$$\text{원의 넓이} = \frac{1}{4} \times \text{구의 겉넓이}$$
$$\text{구의 겉넓이} = \text{원 4개의 넓이}$$

라고 이야기해도 된다.

여기서 내 고민이 시작됐다. 수치상으로 구의 겉넓이가 원기둥의 옆면의 넓이와 같다는 것을 식으로 구하는 것은 간단하지만, 직관적으로도 이해시키고 싶었다. 문제가 되는 부분은, 원기둥의 옆면은 평면

에 펼치기만 하면 되지만, 구를 어떻게 평면으로 펼쳐야 하는지 생각이 떠오르지 않았다. 초등학교에서는 실을 감아서 확인하는 활동이 있다고 하는데, 더 아름다운 방식의 사고가 필요하다는 생각이 들었다. 또, 한 가지 생각의 제약은 대학 수준 이상의 지식으로 해석하는 것은 피해야 했다.

웹사이트 '수학사랑몰'에서는 다음 그림과 같은 교구를 판매하고 있다. 모래시계처럼 속에 모래를 채워서 원 두 개를 채우는 모래가 반구의 겉면을 채운다는 원리다.

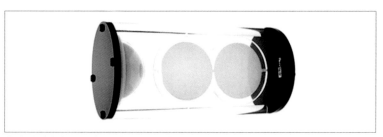

출처: 수학사랑몰 교구(http://shop.mathlove.kr/)

EBSMATH(https://www.ebsmath.co.kr/)에도 구의 겉넓이나 부피와 관련한 영상이 많이 올라와 있다. 이 중에서 시각화하기에 가장 유리한 것은, 아래 그림처럼 직각삼각형 4개로 쪼개서 설명하는 방식이다.

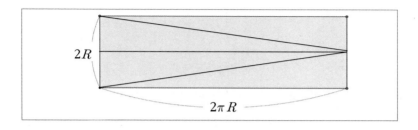

모두 좋은 설명 방식이지만, 내가 찾던 방식이 아니었다.

구의 겉넓이가 원기둥의 옆면(직사각형)의 넓이와 같다는 이유에서 비롯된 걸까? 세계지도를 만드는 방법으로 메르카토르 도법이라는 세계지도를 제작하는 방법이 있다. 메르카토르 도법은 우리가 흔히 볼 수 있는 세계지도라고 생각하면 되는데, 1569년 누네스가 제안한 원리를 이용해서 메르카토르가 지도로 나타냈다고 한다. 메르카토르 도법은 지구를 원기둥의 옆면으로 투영시킨 후, 원기둥의 옆면을 평면에 펼쳐놓은 그림이라고 생각하면 된다.

우리가 생각해 볼 부분은 직사각형 안에 원 4개가 정확하게 들어갈 수 있다는 이야기다. 다음 그림을 보자. 직사각형(가로 2π, 세로 2)과 반지름 1인 원 4개가 있다. 이전 장에서 얻은 결론을 시각적으로 표현한 다음 그림에서 직사각형의 넓이와 원 4개의 넓이가 같다는 것을 뜻한다.

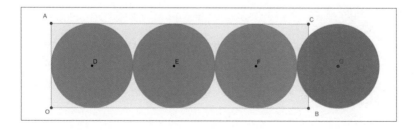

하지만, 하나의 원이 들어가지 못하고 튀어나와 있다. 그래서 원 하나를 빼고 다시 그려봤다.

다음 그림은 반지름 1인 원 3개가 들어가 있다. 주황색의 공간이 남아 있는데, 주황색의 공간은 원 1개의 넓이와 같다는 것은 자명하다.

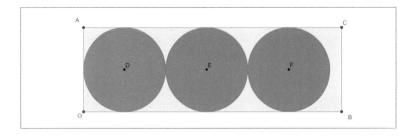

수치상으로 구해보면 맞겠지만, 직관적으로는 곧바로 보이기가 어려운 상황이다. 내 고민은 '어떻게 하면 원 4개를 직사각형 안에 넣을 수 있을까?'였다.

원과 같은 넓이의 직사각형 ✏

이 문제를 해결하기 위해서, 처음으로 생각했던 것은 원의 넓이와 같은 넓이를 갖는 정사각형의 작도문제다. 과거에 이미 이 문제를 컴퍼스와 자만을 이용해서 풀이한 것은 아니지만, 다른 방식으로 생각했던 수학자가 있다. 여기에 잠깐 소개만 하겠다.

반지름이 1인 원을 굴려서 원의 넓이와 같은 넓이를 가진 정사각형을 그렸는데, 이런 생각을 해낸 수학자가 있다는 것만으로도 대단하다.

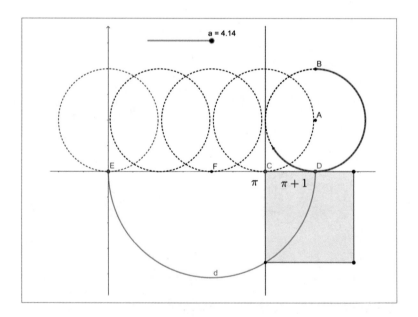

반지름이 1인 원을 반 바퀴 굴렸을 때(C 지점), 지름이 $\pi+1$인 반원 (d)을 아래쪽에 만들고, C에서 x축 위에 수선을 그었을 때, 원호 d와 만나는 교점 G에 대해, 선분CG(길이가 $\sqrt{\pi}$가 된다)를 한 변으로 하는 정사각형을 만들면, 원의 넓이와 같다는 것이다.

두 번째로 생각한 방식은, 한 조각을 떼어내어 생각하는 방식이다. 직사각형이 원 4개의 넓이와 같으니까, 직사각형을 4등분 하면 원 1개의 넓이와 같다.

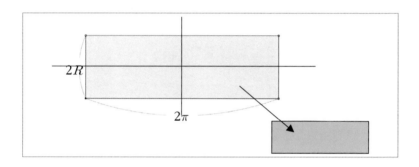

해당 그림처럼 직사각형을 사등분 한 다음에, 한 조각의 넓이가 π가 되는 것을 이용해 보려고 시도했다. 다음 그림을 보면, 한 직사각형과 원의 넓이를 비교해보도록 만들어봤다. 그리고, 다시 직사각형의 가로를 4등분으로 자르면(E 지점), 밑변의 길이가 $\dfrac{\pi}{4}$가 되고, 이 직사각형의 넓이는 사분원의 넓이와 같다.

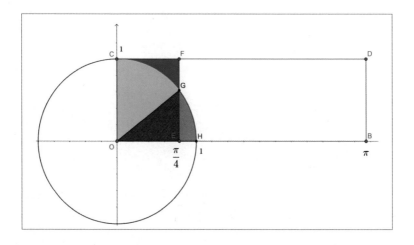

따라서, 파란색 부분의 넓이와 주황색 부분의 넓이는 같다.

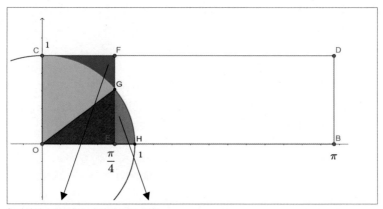

* 파란색 부분 넓이=주황색 부분 넓이

여기서도 뾰족한 답을 얻지 못했다. 그러다가 생각한 세 번째 방식이
사이클로이드 곡선이다. 사이클로이드 곡선의 넓이가 지금 우리가 애

기하는 직사각형과 원 4개의 문제와 정확히 맞아 떨어지기 때문이다. 이제부터 사이클로이드 곡선으로 가보자.

사이클로이드 곡선 넓이 ✏

사이클로이드 곡선은 바퀴라는 의미의 그리스어에서 유래한 말로 등시곡선, 최단강하선 등 다양한 성질도 가지고 있는 매력적인 곡선이다. 자전거를 타고 갈 때, 자전거 바퀴 위의 특정한 점이 그리는 곡선이라고 설명되는 이 곡선은 다음 그림처럼, 원 위의 점이 회전하면서 만들어지는 자취 곡선이다. 사이클로이드 곡선의 매개변수 표현은 다음과 같다.

$$(r(1 - \sin t), \ r(r - \cos t))$$

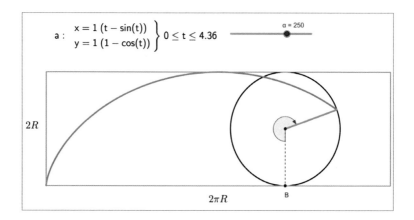

수학자들에게 사이클로이드 곡선은 그리스 로마 신화에 나오는 '파리스의 심판' 속 '황금 사과', '헬레네[15]의 기하학'으로 유명하다. 파스칼은 사이클로이드를 연구하면서 끔찍한 치통을 잊었다는 일화도 있다. 잠깐 그리스 로마 신화로 들어가 보자.

[1636. 파리스의 심판, 루벤스]

출처: ko.wikipedia.org/wiki/파리스의_심판#/media/파일:Rubens_-_Judgement_of_Paris.jpg

그림을 살펴보면 헤라와 지혜의 여신 아테나, 미의 여신 아프로디테가 파리스가 들고 있는 황금 사과 앞에서 저마다 자신의 미모를 뽐내고 있다. 이유는 이러하다. 테티스와 펠레우스의 결혼 잔치에 모든

---

15) 트로이의 전쟁이 일어나는 계기가 되는 빼어난 미모의 왕비.

신이 초대됐다. 하지만, 불화의 여신인 에리스만 초대받지 못했다. 이에 화가 난 에리스는 '가장 아름다운 여신에게'라는 글씨가 쓰여 있는 황금사과를 세 여신 사이에 몰래 두고 사라졌다. 이 사과를 놓고 세 여신은 다툼이 일어났고, 제우스가 스스로 중재하기 골치 아파서 트로이 왕의 아들인 파리스에게 판정을 맡기면서 생긴 사건이다. 파리스는 결국 아프로디테를 선택해서 헬레나를 얻지만, 이로 인해 트로이 전쟁이 일어난다.

사이클로이드 곡선은 수학자에게 여신들의 분쟁을 일으킨 황금사과와 같은 매혹적인 곡선이었다. 기차 패러독스, 등시성, 최단강하선 등 다양한 성질을 갖는 사이클로이드 곡선의 가장 주요한 성질 두 가지만 이야기하고 본론으로 들어가자.

우선, 첫 번째는 '등시성'이다. 사이클로이드 곡선 위의 어떤 지점에서 공을 굴려도 가장 아래 지점까지 내려오는 데 걸리는 시간이 같다는 것이다. 네덜란드의 물리학자인 호이겐스가 좌우에 사이클로이드 벽면을 만들어서 진자시계를 만든 것으로 유명하다. 좌우 벽면이 사이클로이드 곡면 모양이면 진자의 운동도 사이클로이드 곡선을 그리게 되고, 등시성에 의해 진자의 주기가 일정해진다는 것을 이용한 것이다.

두 번째는 '최단 강하성'이다. '위에서 아래로 떨어지는 물체가 가장 빠르게 떨어지는 곡선은 무엇일까'에 관한 문제인데, 이 문제를 최초로 해결한 사람은 베르누이 형제라고 한다. 직선, 포물선, 원, 현수선 등 다양한 곡선을 제치고 당당히 1위를 한 곡선이 사이클로이드 곡선이다.

이런 두 가지 성질 때문에 우리나라 전통 한옥의 지붕 모양이 사이클로이드 곡선이라는 이야기를 많이 한다. 하지만, 내가 알아본 바에 의하면, 한옥의 지붕 구조는 사이클로이드 곡선보다는 현수선이나 포물선에 가깝다. 내가 의심을 한 이유는 우리 조상이 한옥 지붕을 지을 때, 합리적인 방법은 선을 늘어뜨려서, 일정하게 선 높이만큼으로 지붕을 만드는 구조가 가장 쉬울 것으로 생각했기 때문이다. 한옥 지붕이 사이클로이드 곡선이라는 주장도 수학에 현상 끼워 맞추기라고 생각하는데, 사이클로이드라고 주장해도 된다고 보는 측면도 있다. 지붕 설계도로 곡선식에 넣어서 비교해보면 현수선, 포물선, 사이클로이드 세 곡선이 미미하게 차이가 날 뿐 비슷하다.

이제, 사이클로이드 곡선에 대해 알았으니, 사이클로이드 곡선이 만들어내는 넓이를 알아보기로 하자. 원이 굴러갈 때, 만들어지는 사이클로이드 곡선에서, 다음 질문에 관한 답을 찾으려고 한다.

어떤 선의 적분이 사이클로이드 곡선 아래쪽의 넓이가 되는 걸까?

다음 그림을 보자. 사이클로이드 곡선과 함께, 이해를 돕기 위해 위쪽에 같은 원을 그려두었다. 원이 굴러갈 때, 같은 회전각(원이 굴러간 만큼씩)으로 원 위의 점이 회전하도록 설계했다. 그리고 어떤 선이 사이클로이드 곡선의 넓이와 관련이 있을지 찾아보려고 한다. 단순하게 생각하면, 파란 선들이 $[0, 2\pi R]$에서 쌓아 올려진 넓이라고 생각할 수 있다.

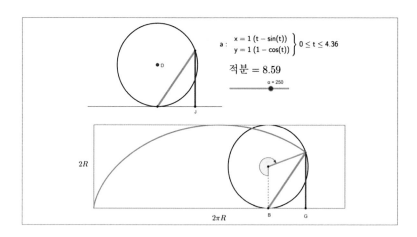

원이 굴러가는 상황에서 세부적으로 어떻게 색칠되는지 3단계로 나눠서 설명해보겠다.

① 단계, 0도에서 90도까지 회전했을 때,

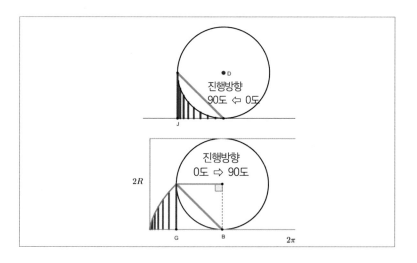

② 단계, 90도에서 270도까지 회전했을 때

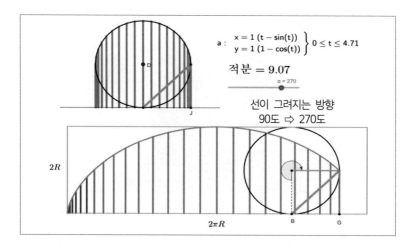

③단계, 270도에서 360도까지 회전했을 때,

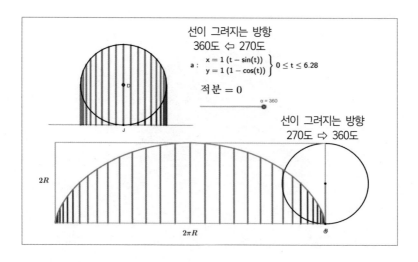

①, ②, ③단계를 거치면서 위쪽 원의 파란 선이 만드는 전체 색칠한 부분은 다음 그림처럼 나타난다. 우리가 원했던 사이클로이드 곡선 아래쪽의 둥근 부분의 모양과 확연히 다르다.

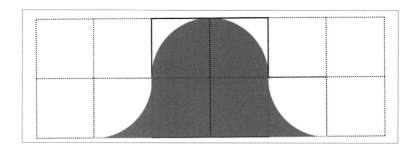

넓이를 구해보기로 하자. 넓이를 편하게 구하기 위해서 조각 맞추기 놀이를 좀 해야겠다. 좌우에 튀어나와 있는 부분을 위쪽의 공간으로 끼워 넣으면 정확히 들어맞는다.

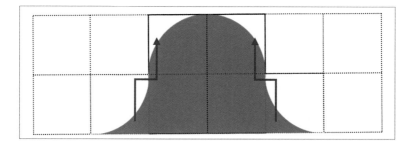

이렇게 해서 구해지는 넓이는 전체 12칸의 정사각형 중 4칸의 정사각형 부분이고, 전체 직사각형의 넓이가 $4\pi R^2$이므로, 이 도형의 넓이는

$4\pi R^2 \times \dfrac{1}{3}$ 이다. 이것은 사실과 다르다.

$$\int_0^{2\pi} ydx = \int_0^{2\pi}(1-\cos t)(1-\cos t)dt$$
$$= \int_0^{2\pi}(1-2\cos t+\cos^2 t)dt$$
$$= \left[t-2\sin t+\frac{1+\cos 2t}{2}\right]_0^{2\pi}$$
$$= 3\pi$$

참고: $r=1$인 사이클로이드 곡선 아래쪽의 넓이

우선, 왜 이런 오차가 생겼는지 생각해보자. ①번 그림을 다시 살펴보면, 위쪽 원에서의 파란 선의 높이와 간격, 아래쪽 원에서의 파란 선의 높이와 간격이 다르다(참고로, 각도의 변화를 5도씩 같게 진행하면서 자취를 남겼다).

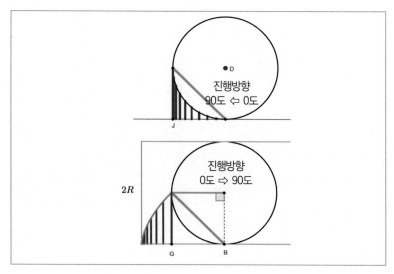

0도에서 90도로 원이 회전해갈 때, 위쪽 원에서 파란 선은 간격이 점점 좁아지고 있고, 아래쪽 원에서는 좁게 색칠되어 있던 선들의 간격이 점차 멀어지고 있다.

'파란 선이 그려지는 속도가 다르다.'

는 것이다. 따라서, 파란 선으로는 넓이를 시각화하기에 적합하지 않다.

이제 ①, ②, ③단계에 그려져 있는 또 다른 선인 주황색 선을 살펴보자. 원이 한 바퀴 구른 후, 주황색 선의 자취는 다음 그림과 같이 나타난다.

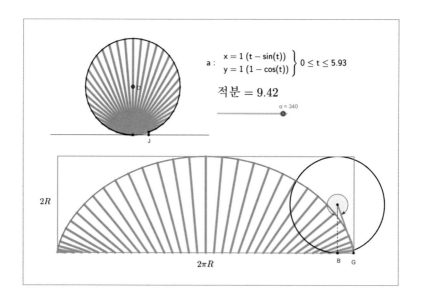

원의 넓이는 기껏 π이다.

그래서 주황색 선도 아니라는 것을 알 수 있다. 이제 마지막으로 하나의 선이 더 남아 있다. 접선이다.

다음 그림을 보면, 접선(분홍색 선)의 변화를 추가했다. 분홍색 선에 '자취 남기기' 기능을 적용하고, 원을 0도에서 360도로 굴려보자.

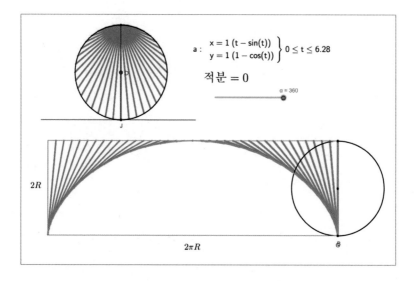

사이클로이드 곡선의 아래쪽 부분의 넓이가 3π이기 때문에, 사이클로이드 곡선의 바깥쪽 부분(분홍색 영역)은 π가 되어야 한다. 위쪽 원에서 색칠된 영역(원)의 넓이인 π와 일치하는 결과다.

이런 방식을 'The method of sweeping tangent'[16] 라고 한다. 접선

16) https://en.wikipedia.org/wiki/Visual_calculus

이 쓸고 지나간 영역의 넓이를 구하는 방식은 얼핏 학생과 이야기 나누기 좋은 소재이긴 하다. 대표적인 다른 예로, 자전거 앞바퀴와 뒷바퀴가 만드는 곡선 사이 영역의 넓이도 스위핑 탄젠트 방식으로 구할 수 있다. 나는 시각적으로 이해하기 가장 쉬운 방식을 찾고 싶었다. 하지만, 스위핑 탄젠트 방식은 고등학교에서 쉽게 다루지 않는 방식이어서 다른 방식을 고민해야 됐다.

그래서 찾은 방법은 '카발리에리의 원리'를 적용한 방식[17]이다. 카발리에리의 원리는 초등학교에서부터 다루는 방식이다. 학생들도 이미 쉽게 이해하고 있다. 예를 들어, 책 10권을 쌓아 올렸다고 치자. 반듯하게 쌓아 올렸든, 삐딱하게 쌓아 올렸든, 그 부피는 일정하다. 다음 그림을 보자.

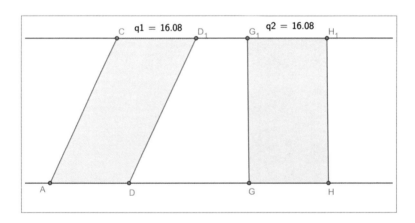

17) N. Reed, "Elementary proof of the area under a cycloid", Mathematical Gazette, volume 70, number 454, December, 1986, p.290-291.

두 평행선 사이에 밑변과 윗변의 길이가 같은 사각형 q1, q2를 만들었다. 그리고, 밑변이나 윗변의 위치를 좌우로 움직여서 사각형의 모양이 변하더라도 넓이가 일정하다는 것을 알 수 있다. 이유는, q1, q2의 도형은 모두 같은 길이인 선분(AD, GH)을 아래부터 맨 위까지 같은 길이의 선분으로 쌓아 올렸기 때문이다.

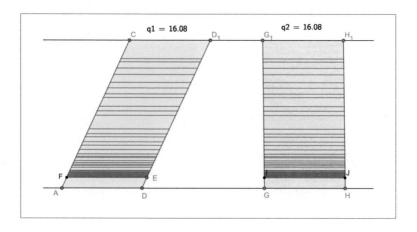

사이클로이드 곡선에서도 같은 원리를 적용할 수 있다.

사이클로이드 곡선의 매개변수 표현인

$$(t - \sin(t),\ 1 - \cos(t))$$

에서 x좌표만 +로 바꿔주면,

$$(t + \sin(t),\ 1 - \cos(t))$$

로 표현할 수 있다. 사이클로이드 곡선을 위아래 뒤집은 모양의 곡
선이다.

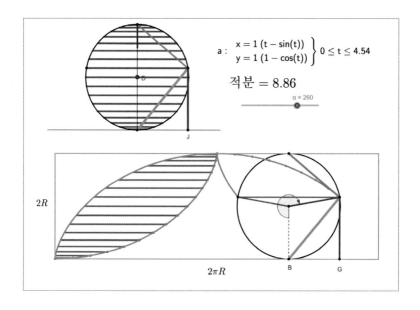

위아래 사이클로이드 곡선을 같은 높이로 연결한 선분은 위쪽 원에
서는 현이 된다. 그래서 원이 0도부터 180도까지 회전했을 때, 두 사
이클로이드 곡선 사이를 잇는 선분은 원 전체를 채우는 현이 된다. 해
리포터의 마법 책처럼 동적으로 표현하는 그림이면 이해하기 좋겠지
만, 그렇지 못해서, 악필로 설명을 적어두었다. 다음 그림을 보자.

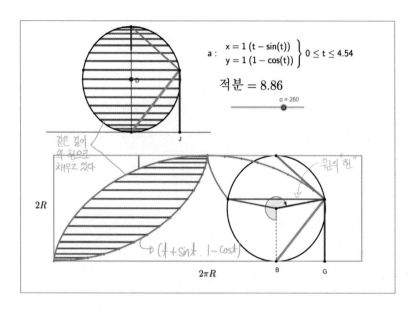

해당 상황처럼, 수학 시간에 다루는 많은 상황이 동적으로 표현되어야 해서, 컴퓨터를 이용해서 설명하는 것이 매우 유용하다.

이제 결론이다.

두 사이클로이드 곡선 사이 부분의 넓이가 원의 넓이와 같다. 넓이는 π이다.

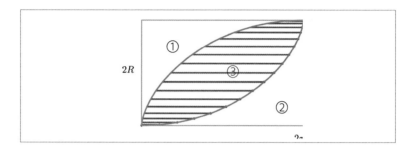

해당 그림의 사각형 전체의 넓이 $= 2\pi R^2$ (원 2개의 넓이)

③의 넓이 $= \pi R^2$(원 1개의 넓이)

①의 넓이 $=$ ②의 넓이, ①+② $= \pi R^2$(원 1개의 넓이)

따라서, ①의 넓이 $= \dfrac{1}{2}\pi R^2$ 이 된다.

이렇게 해서, 다음 결론에 대한 시각화 자료를 만들었다.

사이클로이드 곡선 아래쪽의 넓이
$= 3\pi R^2$(원 3개의 넓이)
사이클로이드 곡선 바깥쪽의 넓이
$= \pi R^2$(원 1개의 넓이)

최종적으로, 원이 0도에서 360도까지 회전했을 때, ②번, ③번 영역은 좌우에 2개가 생기고, 원 3개가 사이클로이드 곡선 아래쪽에 들어간다는 것을 직관적으로 확인할 수 있다.

사이클로이드 곡선은 평평한 도로를 굴러가는 바퀴 위의 점에 대한 관찰이다. 다른 곡선 위에서도 굴려보고 싶다고 생각해볼 수 있다. 그래서 가상 실험으로 $\sin x$ 위에서 원을 굴려봤다. 이렇게 임의의 곡선 위에서 원을 굴러가는 실험을 하는 데에도 매개변수 표현, 미분, 적분, 벡터 등 다양한 요소가 적용되어야 하고, 이 과정 자체가 학습될 수 있다.

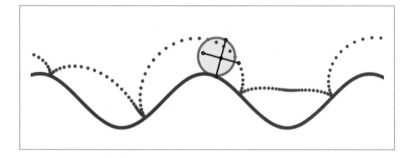

또한, 원의 바깥쪽과 내부에서 원을 따라 굴러가는 곡선을 생각해 볼 수도 있다. 원 위에서의 사이클로이드인 하이포사이클로이드와 에피사이클로이드다.

트로코이드, 사이클로이드의 사촌들 ✏️

트로코이드(trochoid)는 직선을 따라 굴러가는 원에 붙어있는 점의 자취로 그려지는 곡선을 의미한다. 이때, 원주 위에 점이 붙어있다면, 사이클로이드가 되고, 원의 내부에 있다면, 에피트로코이드, 원의 외부에 있다면, 하이포트로코이드 곡선이라고 부른다. 비슷한 명칭으로 포물선(parabola), 타원(ellips), 쌍곡선(hyperbola)이 있는데, 포물선은 '같다', 타원은 '부족하다', 쌍곡선은 '초과한다'는 뜻에서 유래했다.

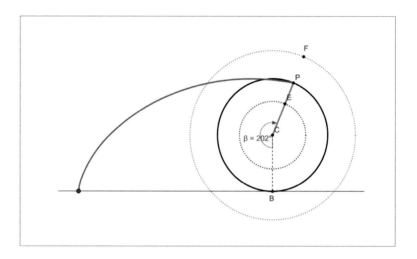

해당 그림에서 원이 직선 위를 굴러갈 때, 세 점 E, P, F에 대해,

① P가 만드는 곡선: 사이클로이드(빨간색)
② F가 만드는 곡선: 하이포트로코이드(주황색)
③ E가 만드는 곡선: 에피트로코이드(파랑색)

곡선이 된다.

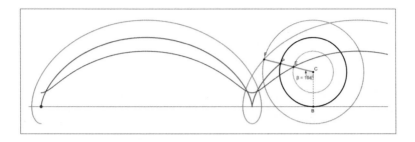

해당 그림에서 주황색(하이포트로코이드 곡선) 곡선은 점 C가 꾸준히 직선운동을 하지만, 각이 2π만큼 회전한 지점에서 반대 방향의 회전 운동을 하는 것이 관찰된다. '기차 역설'이라고 한다. 기차 바퀴는 철로 위에 얹어져 있는 작은 바퀴(사이클로이드)와 안쪽의 큰 바퀴(하이포트로코이드)로 만들어져 있는데, 기차가 앞으로 나갈 때, 기차의 큰 바퀴가 그리는 운동은 특정 순간 후진 운동을 한다는 역설이다.

그리고, 해당 그림에는 하나의 착각이 있다. 제일 큰 원인 주황색 원과 검은색 원은 모두 한 바퀴를 똑같이 돌고 있다. 따라서 '$2\pi R = 2\pi r$'인가? 라는 착각을 하게 만든다. 하지만, 해당 그림의 궤적을 보면 알 수 있듯이 이는 착각일 뿐이다.

다음 그림은 원에서 그렸을 때 나타나는 트로코이드 곡선이다. 반지름의 길이보다 점의 위치를 길게, 또는 짧게 조절하면서 다양한 곡선을 표현할 수 있다.

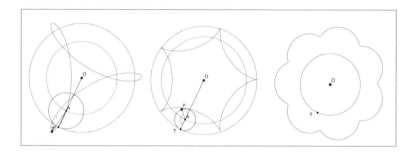

이처럼 다양한 트로코이드 곡선을 관찰하는 데 필요한 매개변수 표
현은 하나면 족하다.

곡선(r(k-1)cos(t)+dcos((k-1)t), r(k-1)sin(t)-dsin((k-1)t), t, 0, α)

이 곡선에서 n, r, d, k를 조절하면서 관찰하면 다양한 곡선을 만
들어 볼 수 있다.

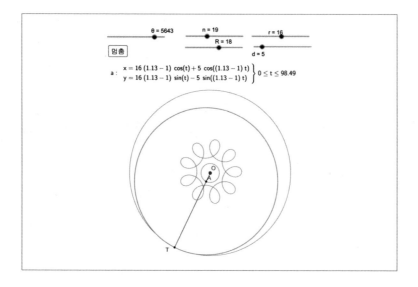

여기서 트로코이드 만드는 방법을 다루고자 하는 것은 아니기 때문에, 구체적으로 만드는 방법은 '수학사랑 위키독'[18]에 참고로 남겨두겠다.

원래 이 곡선에 관심을 가지게 된 계기는, 지구를 도는 달의 회전운동은 어떤 곡선을 만드는지에 대한 모형화를 해보려고 만들었다. 여기에서 만들어진 하이포트로코이드 곡선을 통해서 달이 지구를 도는 운동에 관한 힌트를 얻을 수 있다. 앞에서 언급했던 아스트로이드 곡선은 큰 원 안쪽의 작은 원이 정확히 4번 회전해서 처음 지점으로 돌아오는 원의 회전으로 만들어지는 곡선으로, 사이클로이드 곡선의 일종으로 생각할 수 있다.

---

18) https://url.kr/Pc1iz6, http://ko.mathteacher.wikidok.net/Wiki

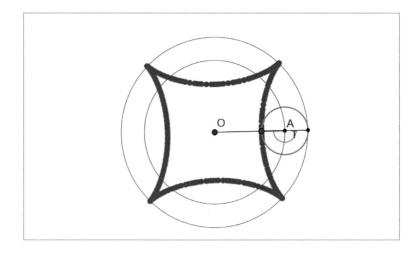

이렇게 다양한 곡선의 모양을 만들다 보니, 벡터(복소수)와 관계된 점의 표현에 관심을 가지게 됐다. 대표적으로 고등학생들이 한 번쯤 보는 식이면서도 왜 그런지는 모르는

$$e^{i\pi} + 1 = 0$$

는 세상에서 가장 아름다운 수식이라고 소개만 될 뿐, 증명할 수 없어서 다루지 않는 수식이다. 다음 장에서는 이것에 관해서 이야기를 나눠보자.

제 **4** 장

허수

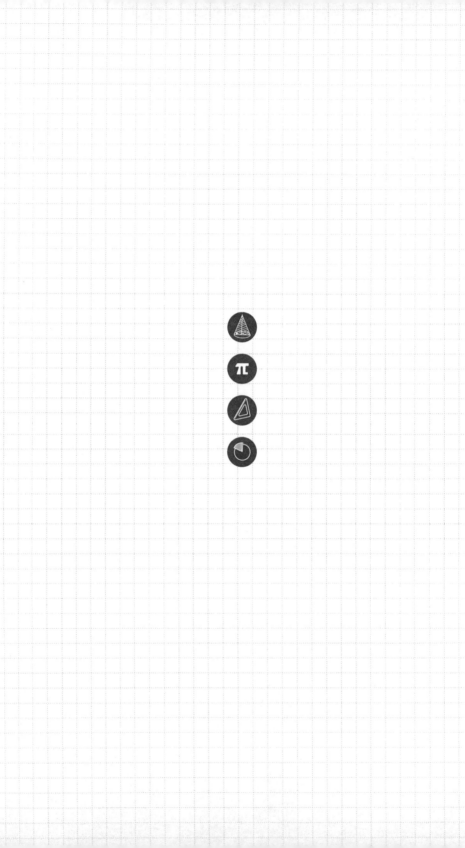

우리는 이번 장에서 오일러 항등식, $e^{\pi i}+1=0$과 오일러 공식을 다뤄보려고 한다. 고등학생이라면 한 번쯤 봤을 법한 식이지만, 증명할 방법이 없어서 소개만 되는 식이다. 그래서 고등학생 수준에서 이해할 수 있는 나름의 방법을 생각해봤다.

23^i은 얼마?

$(1+2i)^2$처럼 2^i이나 i^i을 계산할 수 있다면, $(1+2i)^{2+i}$도 계산할 수 있지 않을까? 그렇다면 이 값이 의미하는 건 어떤 뜻이 될까? 궁금한 마음으로 컴퓨터 계산기에 두드려보면, 신기하게도 좌표에 표현된다. 구글에서 i^i를 입력하고 검색해보면, 그 값이 실수 0.20787957635로 나온다. 그렇다면 이것도 수학적으로 의미를 갖는 수식이란 뜻이다.

우선, 복소수의 실수 거듭제곱은 그나마 쉽게 상상할 수 있다. 예를 들어, $(1+i)(1+i)$를 연산하면, $2i$가 된다.

여기서 재미있는 사실은, 컴퓨터에서 $1+i(=z$라 하자)를 입력하면 $(1,1)$의 위치로 점이 표현되고, $z \times z$를 입력하면, $(1+i)(1+i)$를 연산한 결괏값 $2i$가 $(0,2)$위치에 좌표로 나타난다. 마찬가지 방법으로 $\sqrt{3}+i$를 입력하고, $(\sqrt{3}+i)(\sqrt{3}+i)$를 구해보면, 결괏값이 $2+2\sqrt{3}\,i$로 나타나고, 점이 표현된다.

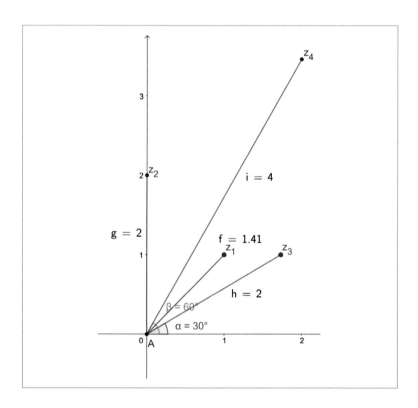

복소수를 실수부와 허수부로 나눠서 생각하는 것은 모두 잘 아는 사실이다. 하지만, 좌표평면에서 실수부를 x좌표, 허수부를 y좌표로 다루는 방식은 컴퓨터를 이용하지 않으면 낯선 방식이다. 해당 그림에서 곱셈을 하기 전과 후에 어떻게 변했는가에 대한 규칙성을 쉽게 찾을 수 있다.

예를 들어, $z_1 (=1+i)$을 두 번 곱한, $z_2 = z_1 \times z_1$는 길이를 곱하고, 각이 더해졌다. z_3도 길이가 2였는데, 곱한 후 2×2=4가 되었고, 각은 30도에 30도가 더해져 60도가 되었다. 종이에 연산하지 않고, 컴퓨터로 몇 가지만 눌러보면 쉽게 발견할 수 있는 규칙성이다.

복소수의 곱셈은 길이를 곱하고, 각을 더한다.

복소수의 곱셈, 혹은 복소수의 실수 거듭제곱은 컴퓨터를 이용하면, 복소수의 연산이 가지는 기하적 성질을 쉽게 이해할 수 있다.

그렇다면, 복소수 거듭제곱은 어떻게 표현되는지 실험해보자. 다음 그림을 보면, i^i과 자연수^{i}을 나타냈다. 자연수 500까지를 빠르게 만들기 위해서 '수열[n^i, n, 1, 500]'을 입력했다.

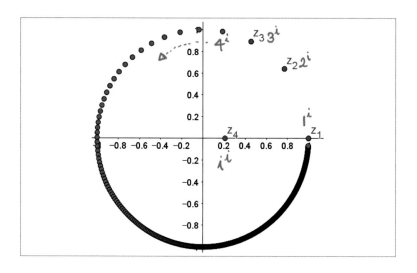

530을 넘어가면 한 바퀴를 다 돌아가고 700, 800,… 입력할수록 빼곡히 채워지는 점을 관찰할 수 있다. 그리고, 단위원 위에서 점이 놓인다는 일관된 현상을 발견할 수 있다.

어떤 자연수를 i제곱하더라도, 단위원 위에 놓인다.

e^π을 입력창에서 계산해보면 23.14라고 나온다. 따라서, $(e^\pi)^i$도 단위원 위의 어떤 점이 되리란 상상이 가능하다. 파이썬에서 다음 수식을 통해 좀 더 정확한 계산을 해볼 수 있다.[19]

---

19) 구글에서 'e^pi' 라고 입력해도 값이 계산된다.

```
>>> import math
>>> a=math.pi        #  $a = \pi$
>>> b=math.e         #  $b = e$
>>> b**a             #  $e^\pi$을 계산
23.140692632779263
```

그렇다면, 조금 전에 구한 n^i수열의 점과 비교해볼 수 있다.
해당 그림에서 23번째 점이 어디에 찍혀 있는지 찾아보자.

　해당 그림에서 23번째 점은 (-1, 0) 근처에 있다. e^π의 값이 23.14
이기 때문에, $e^{\pi i}$도 -1 근처에 있을 거라고 추정할 수 있다. 실제로,
입력창에 $e^{\pi i}$를 계산해서 -1에 위치함을 확인할 수 있다.
　또한, 이 규칙성을 가지고 다양한 점을 만들어 볼 수 있다. 단위원
위나 내부에 찍히는 복소수 점을 n번 거듭제곱해서 만들어지는 점열
을 만들어 볼 수도 있겠다. 오일러 항등식을 이해하기에 앞서, 복소수
의 복소수 거듭제곱을 만들어보기로 하자.

복소수^{복소수}의 자취 ✎

여기서 다뤄보려고 하는 것이 복소수^{복소수}이기 때문에, z^z을 다양하게 만들어보려고 한다. 그래서 원점을 중심으로 반지름을 바꿔보면서, 원 위의 임의의 점을 복소수로 하는 z를 만들어서, z^z을 계산한 후, '애니메이션 기능'으로 z를 움직이면서 z^z의 자취를 관찰해보기로 하자.

구체적으로, 원 $x^2 + y^2 = r^2$을 만들고, 원 위의 임의의 점 A를 만들어, A의 x좌표를 실수부, y좌표를 허수부로 하는 복소수 z를 만들고, 반지름을 바꿔보면서 z^z의 자취를 관찰해보자.

반지름이 0.6일 때, 원 위의 점 z가 회전하면서 생기는 z^z의 자취는 아래 그림의 분홍색 점이다. 마치 고리에 매듭이 지어지는 모양이다.

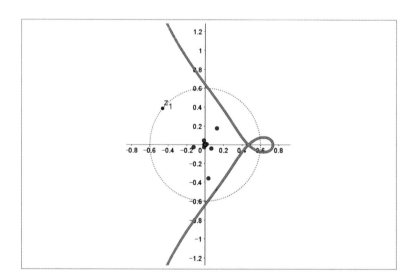

이런 방식으로 반지름을 바꿔보면서 나오는 패턴들을 관찰해보겠다. 여기에 추가로, 반지름이 0.9일 때, '수열[z^n, n, 1, 100]'을 추가 (파랑색 점열)해서 n번 거듭제곱 한 점열도 함께 관찰하였다.

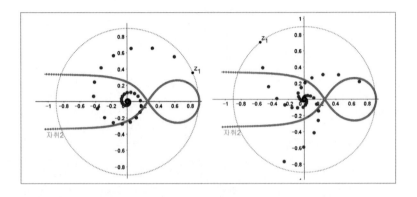

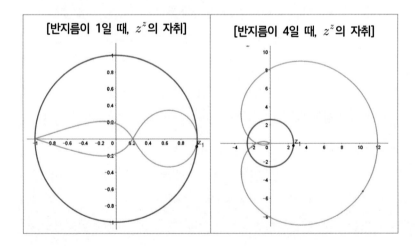

왼쪽 그림은 우주선 같고, 오른쪽 그림은 총알이 풍선을 뚫고 들어

가는 장면 같다.

그럼 i^i은 어떤 방식으로 계산해서 0.20787957635라는 실수로 결괏 값이 나오게 됐을까? 이 연산의 실마리를 풀려면, 세상에서 가장 아름 다운 수식으로 알려진 $e^{i\pi} + 1 = 0$를 이해해야 한다.

오일러 항등식 ✏️

오일러 항등식, 세상에서 가장 아름다운 수식으로 불리는 이 수식 은 오일러 공식으로부터 출발한다. 하지만, 오일러는 복소수를 복소평 면 위의 하나의 점으로 나타낼 수 있다는 기하학적 의미까지는 찾지 못했다고 한다. 이 수식은 영화에 등장할 뿐 아니라, 심지어 중학생까 지도 수식을 이해하지는 못하지만, 이런 수식이 있다고 알고 있는 학 생은 많이 있다.

우리가 오일러 등식을 이해할 수 있다면, i^i도 연산할 수 있다. 지금 부터는 오일러 등식이 성립하는 이유를 이해해 보자.[20] 앞 장에서 복 소수의 곱셈이 가지는 의미를 이해했다. 같은 방식으로 $e^{i\pi}$가 -1이 되 는 과정을 기하학적으로 이해해 보려고 한다. 이전 장에서 n^i의 수열 을 통해서 23번째 점이 (-1, 0)에 매우 가깝다는 사실과 e^{π}의 값이 약 23.14라는 사실을 조합하면, $e^{\pi i}$가 -1에 근접한다는 것, 그뿐 아니라, 직접 $e^{\pi i}$를 컴퓨터에 입력해서 값이 -1로 계산된다는 것을 알고 있다.

---

20) 증명이 아니라, 기하학적 이해다.

계산기를 두드려 나오는 수치적 이해에 더해서, 시각적으로 표현해보고 싶었다. $e^{\pi i}$를 시각적으로 표현하려면 식의 변형이 필요하다.

$e = \lim\limits_{n \to \infty} \left(1 + \dfrac{1}{n}\right)^n$ 를 고2 수준 학생이라면 잘 알고 있다. 여기서, n의 값이 커질수록 $\left(1 + \dfrac{1}{n}\right)^n \approx e$ 라는 사실을 이용하자.

$$e^{\pi i} \approx \left(1 + \dfrac{1}{n}\right)^{n\pi i} = \left(1 + \dfrac{\pi i}{n\pi i}\right)^{n\pi i} = \left(1 + \dfrac{\pi}{m} i\right)^{m}$$
$$m = n\pi i \text{로 치환}$$

이렇게 식을 조작하면, 복소수를 거듭제곱해서 그 결과가 어떻게 되는지 관찰할 수 있게 된다. 다음 그림을 보자.[21]

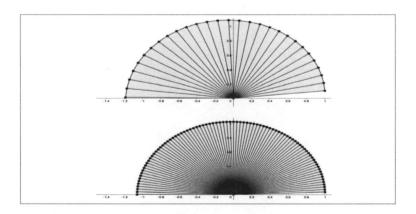

---

21) 유튜브의 Mathologer 채널을 참고함.

앞의 그림은 $1+\dfrac{\pi}{m}i$를 m번 거듭제곱 하여 얻은 점열을 다각선으로 연결하였다.[22] m이 커질수록, -1에 근접하는 상황을 시각적으로 쉽게 이해할 수 있다.

앞 장에서 보았던 수열 $\{n^i\}$을 다시 상기해보자. n이 아무리 커지더라도, 단위원 위의 점이 된다는 것을 관찰할 수 있었다. $e^{\pi}=23.14\cdots$이기 때문에, 23번째 점을 찾아 $e^{\pi i}$ 값을 예측하고, 실제 i제곱 계산을 통해 -1이라는 것을 확인할 수 있었다. 이번 방법은 복소수의 곱셈을 시각적으로 보여주면서 그 결괏값인 -1로 도달하는 과정을 보여준다.

오일러 공식 이해 ✏️

이제 $e^{i\pi}=-1$를 바탕으로 i^i의 값을 구해보려고 한다. 여기부터 이어지는 내용은 인문학적 감성으로 이해해주기를 부탁드린다. 마치 소설을 읽는다는 느낌으로 가보면 좋겠다. 전에 '작은 수학자의 생각실험(고의관 제)'을 읽었을 때 재밌다고 생각했는데, 복소수 연산을 다루는 다음 내용을 볼 때, 이런저런 생각을 소설처럼 읽어주기를 바란다. 오로지 고등학교 수준 이하의 연산만을 이용해서 다양하게 조작해보겠다.

---

22) 수열((1 + i π / m)^n, n, 1, m), 수열(다각형(O, 원소(점열, i), 원소(점열, i + 1)), i, 1, m - 1)

우선, $e^{i\pi} = -1$에서 다음과 같은 연산을 생각해 볼 수 있다.

$$\text{양변 } \log_e: \quad \pi i = \ln(-1)^{23)}$$

$$\text{양변 } * \frac{1}{2}: \quad \frac{1}{2}\ln(-1) = \ln(-1)^{\frac{1}{2}} = \ln i = \frac{\pi}{2}i$$

여기서 다음 두 가지 식에 주목하기로 하자.

$$\ln(-1) = \pi i, \quad \ln i = \frac{\pi}{2}i$$

자연로그의 진수에 음수와 허수의 가장 기본이 되는 수가 들어간 정의가 만들어졌다. 이것은 자연수 1이나 음수 -1처럼 사칙연산의 기초가 되는 숫자가 복소수체계에 정의됐다는 것을 의미한다.

이제, $\ln(-2)$, $\ln(-3)$, … 와 $\ln(2i)$, $\ln(3i)$, … 같은 허수가 진수인 자연로그의 점(좌표)을 표현할 수 있다. 이제, 좀 더 소설다운 면모를 갖추기 위해 라면과 짬뽕을 출연시켜야겠다.

---

23) 구글에서 ln(-1)을 검색하면 ln(-1)=3.14159265 i로 나온다.

라면: 짬뽕아, i^i을 구해볼게.[24)]

$$i = \sqrt{-1} \ , \ e^{i\pi} = -1 \ \text{이니까,}$$

$$i = \sqrt{e^{i\pi}} = e^{\frac{\pi}{2}i}$$

$$i^i = \left(e^{\frac{\pi}{2}i} \right)^i = e^{\frac{\pi}{2}i^2} = e^{-\frac{\pi}{2}}$$

하하하… 구했어. 게다가 모든 연산을 고등학교 1학년 수준으로 했으니, 쉽게 이해할 수 있을 거야.

짬뽕: 라면아, 너가 새로운 아이디어를 잘 내는 게 부러워. 그러면 $e^{i\pi}$가 -1이 되는 연산을 내가 다시 해볼게.

$e^{i\pi} = x$ 라고 두자.

양변에 ^i 제곱: $e^{-\pi} = x^i$ ------- ①

그런데, 너가 구한 값을 가져와. $i^i = e^{-\frac{\pi}{2}}$라고 했지?

양변에 ^2 제곱 : $e^{-\pi} = i^{2i}$ ------- ②

①과 ②에서 $x^i = i^{2i}, \ \therefore \ x = i^2 = -1$

라면: 짬뽕아, 재밌긴 한데, 뭔가 잘못된 것 같다는 생각이 드는 건 왜 그렇지?[25)]

---

24) 라면과 짬뽕의 호칭은 음식 이름이 맞다. 다만, 라면은 if, 짬뽕은 combination의 의도를 갖고 지어냈다.

25) $e^{i\pi} = -1$임을 이용한 증명 결과를 $e^{i\pi} = -1$을 증명하기 위해 사용하고 있다. 즉, 이런 방

그래도 너의 창의력은 인정해.

짬뽕: 그렇네, 그럼 이런 건 어때?

$e^{i\pi} = -1$ 에서 양변에 $\wedge \dfrac{1}{2}$ 제곱하면,

$$e^{i\frac{\pi}{2}} = (-1)^{\frac{1}{2}} = i$$

그러니까, $\dfrac{\pi}{2}$ 라는 각이 들어간 거듭제곱의 결과가 (0, 1)이라는 좌표를 나타내

는 i로 나온 건 연관이 있을 거라는 생각이 들어.

또, $e^{i\pi} = -1$를 양변 제곱하면, $e^{2\pi i} = 1$이 되는데,

2π는 360도이고, 그 결괏값인 (1, 0)의 좌표 방향과 일치해.

이렇게 본다면, $e^{\pi i}$도 π가 180도 방향이고, 이때의 좌표가 (-1, 0)이라서

-1이라는 값을 얻을 수 있다고 추측할 수 있지 않을까? 그러니까, 모든 실수의

i거듭제곱은 모두 단위원 위에 있으니까, 방향만 생각하면 되는데, 이미 지수가

방향을 알려주고 있다는 생각이 드는 거야.

각띠: 그럼 짬뽕이 너 말대로라면, $e^{\frac{\pi}{4}i}$, $e^{\frac{5\pi}{3}i}$ 같은 것도 각에 해당하는 복소수 결

과가 나온다고 가정할 수 있겠다. 그러니까, 어떤 실수의 i제곱을 할 때 우리

는 지수가 각이라고 생각하고 연산하면 된다는 거지.

예를 들어, $2^i = e^{i\ln 2}$이니까, $\ln 2$값에 해당하는 각을 찾으면 2^i의 점(좌표)

의 위치를 찾을 수 있다는 거야.

식으로 증명할 수 없다는 것을 설명하고 있다.

그러면 너 말이 맞는지, 컴퓨터로 실험해보자. 너의 말을 식으로 표현해보면, n^i = $e^{i \ln n}$ 이니까, n^i의 점과 $(1, 0)$을 기준으로 $\ln n$만큼 회전한 점이 일치하는지 실험해 볼 거야. 실험 단계는 이래.

[라면과 짬뽕의 실험 방법]
i) $x^2 + y^2 = 1$을 만들고.
ii) n^i(파란색 동그라미 표시), 기준점 $(1, 0)$을 만들어서.
iii) $(1, 0)$을 $\ln(n)$만큼 회전한 점(빨간색 X 표시)을 만들어.

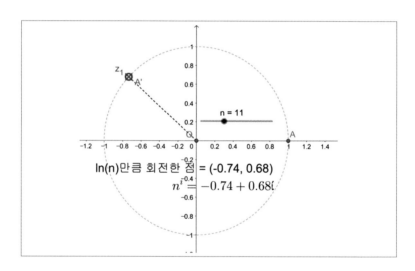

$\ln(n)$만큼 회전한 점 $= (-0.74, 0.68)$
$n^i = -0.74 + 0.68i$

짬뽕: 우리가 생각한 게 맞았어. 이걸 이론으로 만들어 볼 수 없을까?

라면: 대단한 걸! 먼저, 공부가 더 필요할 것 같긴 한데, 각이랑 연관 지을 수 있는 무언가를 찾으면 가능할 것도 같아.

짬뽕: 단위원 위에서 삼각함수를 이용해서 점을 표현하는 방법에 대해 수업 시간에 배운 적이 있잖아. 원 위의 점은 중심각 θ에 대해, $(\cos\theta, \sin\theta)$로 표현

했어. 그러면, 이렇게 정리해 볼 수 있을 것 같아.

$$e^{\theta i} = \cos\theta + i\sin\theta$$

라면: 짬뽕이 너 무슨 말을 한 거야, 갑자기 복소수 지수랑 삼각함수를 연결한 거야? 대단한데?

짬뽕: 컴퓨터가 한 건데 뭐. 우린 저 식이 맞는지 틀리는지 검증하지 못해. 다만, 눈으로 확인해본 것뿐이잖아.

라면: 그래도, 네가 찾은 식을 이용하면, 다른 것도 연결할 수 있을 것 같아. 삼각함수 같은 거 말이야.

짬뽕: 음, 이런 건 어떨까?

$$e^{\theta_1 i} = \cos\theta_1 + i\sin\theta_1, \ e^{\theta_2 i} = \cos\theta_2 + i\sin\theta_2 \ \text{에서,}$$
$$e^{\theta_1 i} \times e^{\theta_2 i} = e^{(\theta_1 + \theta_2)i} = \cos(\theta_1 + \theta_2) + i\sin(\theta_1 + \theta_2) \ ---①$$
$$e^{\theta_1 i} \times e^{\theta_2 i} = (\cos\theta_1 + i\sin\theta_1)(\cos\theta_2 + i\sin\theta_2) \qquad ---②$$
$$= (\cos\theta_1\cos\theta_2 - \sin\theta_1\sin\theta_2) + i(\sin\theta_1\cos\theta_2 + \cos\theta_1\sin\theta_2)$$

①과 ②의 결과는 같아야 해. 결과적으로,
$$\cos(\theta_1 + \theta_2) = \cos\theta_1\cos\theta_2 - \sin\theta_1\sin\theta_2$$
$$\sin(\theta_1 + \theta_2) = \sin\theta_1\cos\theta_2 + \cos\theta_1\sin\theta_2$$

라면: 학교에서 배웠던 삼각함수 덧셈정리가 나왔네? 이거 말고도 많은 것들을 찾을 수 있을 것 같아.

라면과 짬뽕이라는 고등학생 캐릭터를 통해 $e^{i\pi}=-1$, 오일러 공식, 복소수의 지수 연산을 고등학교에서 접근하는 방법이 있지 않을까를 생각해봤다. 실제 고등학생이 이런 생각을 한다는 것은 어렵겠지만, 궁금해하는 학생이 있을 때, 이런 방식으로 생각을 같이 나눠볼 수 있지 않을까 생각해본 것이다. 어쨌든, 소설은 여기서 마치자.

$e^{i\pi}$=-1이 아름다운 수식이라고 불리는 이유는 허구, 또는 상상 속의 수였던 i가 실재하는 현상을 해석하고, 이해하는 데 필수적이고, 매우 유용하기 때문이 아닐까? 이면의 세계에 있으면서, 실재하는 현상을 움직이는 허수가 처음 세상에 나왔을 때, 그 가치를 알아보고, 연구한 사람들이 수학자다.

처음 세상에 나왔을 때, 그 가치를 인정받지 못했던 수학의 창조물은 여러 가지가 있다. 음수, 매듭 이론, 그리고 왈리스가 생각해 낸 무한히 반복되는 표현을 나타내는 기호 '…', 이미 1572년 정의된 허수단위, 이런 것은 수학자 사이에서 합리적인 표현이며, 수학 자체의 논리로서 연구 대상이었다. 그리고 어느 순간 누군가 필요로 하게 될 때마다, '여기 있습니다.'라며 제공했다. 수학의 폭이 이렇게 넓은 이유는, 수학이라는 학문이 특정된 영역에서의 학문이라기보다는 현상을 정리하는 수단으로서의 사고방식, 그 자체이기 때문이라고 생각한다.

수학이라는 학문은 규칙성, 패턴, 논리, 불변의 진리에 관심이 많은 학문이다. 그래서, 어렵고 멀리 동떨어진 세상의 이야기로만 비쳐질 수 있다. 하지만, 수학의 많은 부분이 우리 가까이에 있다. 대표적으로 가장 많이 사용하는 영역이 확률 통계다. 우리는 하루 중 단 한 번이라도 퍼센트를 듣거나, 말하지 않는 경우를 찾기 어렵다, 도표, 데이터로 표현되는 뉴스를 일상적으로 만난다. 신뢰도나 유의수준이라는 말을 흘러들었을지언정, 뉴스에 자주 등장하는 말이다. 통계에 근거하는 미래 예측(확률) 방송이 일기예보라는 것쯤은 누구나 알고 있다. 결국, 통계는 과거와 현재에 대한 인식이며, 확률은 통계를 바탕으로 하는 합리적인 미래의 선택이라 생각할 수 있다. 빅데이터, 데이터 마이닝, 그리고 이를 바탕으로 하는 인공지능, 머신러닝, 딥러닝이라는 용어는 일상의 익숙한 언어가 되어가고 있다. 여기서 인공지능이 내리는 결정도 통계와 확률에 근거한다. 마치 엑셀에서 랜덤 함수로 0과 1을 무작위로 생성하듯, 확률적 결정에 의존한다. 결국, 인공지능의 사고는 데이터에 기반한 수학적 사고다. 이제 통계와 확률에 기반한 합리적 사고방식에 관해서 이야기를 나눠보려고 한다.

제 **5** 장

×

합리적인
생각과 통찰

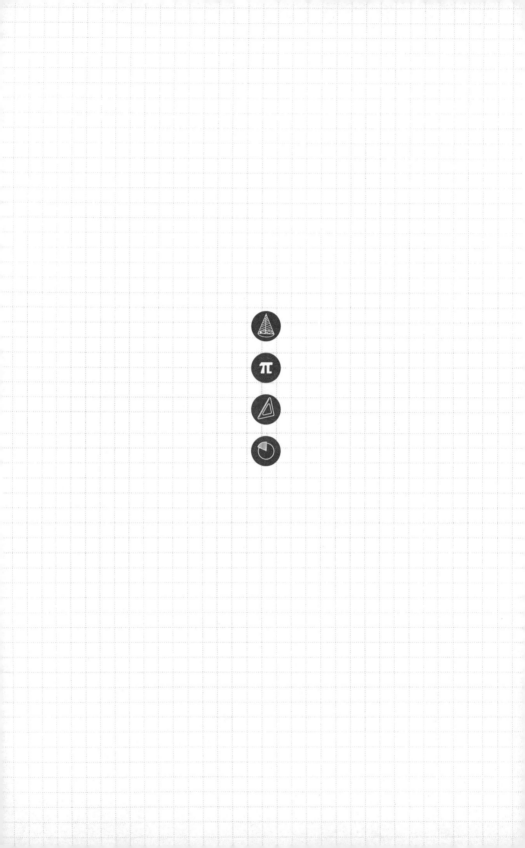

회비를 공평하게 나누는 방법 ✏️

우선, 다음 질문을 읽어보고, 어떻게 하는 게 합리적일지 생각해보기로 하자.

경숙이는 5명이 회원인 주주클럽 모임 총무다. 회비는 매달 5만 원씩 걷었다. 현재 잔액은 285만 원이다. 경숙이는 금액이 너무 많이 누적돼서 돈을 전부 돌려주고, 통장을 0원으로 만든 후, 회비를 다시 걷자고 제안했다. 모두 찬성했다.

그런데, 회원인 현영이는 40만 원을 미납 중이고, 은정이는 30만 원이 미납 중이다. 그래서 현영이가 "우선 미납된 회비를 걷은 후, 돌려주자."라고 제안했다. 하지만 경숙이는 "그냥 남은 돈을 n등분하고, 회비 안 낸 사람들은 그만큼을 빼고 돌려주자."라고 했다. 사람들은 동의했다. 그런데, 경숙이는 고민에 빠졌다. 평소, 산수가 약했기 때문이다. 그래서 수학을 잘하는 친구, 경환이에게 어떻게 돌려주는 게 좋은지 물어봤다. 모두가 공평한 방법을 생각한다면, 어떤 선택이 더 합리적일까?

1안, 잔액 285만 원 n등분 후, 미납자는 해당 금액 빼고 돌려주기.
2안, 미납회비를 전부 걷고서 n등분으로 돌려주기.

이 질문을 경환이에게 던지자, 경환이는 경숙이가 생각하지 못한 말을 꺼냈다.

"미납회비를 걷은 것으로 생각해봐."

경숙이는 화를 냈다. "이게 무슨 뚱딴지같은 말이야? 내가 물어본 거에 답이나 해. 이해 못 했어?"

그래서 이 말을 들은 경환이는 차근차근 설명한다. 다섯 명을 현영, 은정, 경숙, 동희, 화진이라고 하자.

우선 1안의 경우에, n등분 후 미납회비만큼 제외하고 돌려주는 계산은 이렇다.

2,850,000 ÷ 5등분 = 570,000원이다.
그래서 각자에게 지급되는 돈은,
현영 = 570,000-400,000 = 170,000원
은정 = 570,000-300,000 = 270,000원
경숙   = 570,000원
동희   = 570,000원
화진   = 570,000원
여기까지만 봐서는 문제가 없어 보인다. 하지만,
지급 총계   = 570,000×3+270,000+170,000
                    = 2,150,000원
총무 통장 잔액   = 700,000원

따라서, 1안으로 하면, 총무의 통장에 회원들에게 지급되어야 할 회비 잔액이 70만 원이나 남아 있게 된다. 이렇게 되면 총무가 삥땅 치게 된다. 경숙이의 계산이 이상했던 이유가 바로 여기에 있었다.

2안은 미납회비 전부 걷으면, 번거롭기는 하지만 정확하다. 회원에게 나뉘는 액수가 얼마인지 계산해보자.

잔액 = 285만+70만
3,550,000 ÷ 5 = 710,000원
각자 71만 원씩 나눠 가지면 된다.

2안을 통해서 각자 71만 원씩 나눠 가지는 것이 통장 잔액을 0원으로 만드는 공평한 방법이라는 것을 알게 됐다.

3안은 미납회비를 걷지 않는 경환이의 방식이다.

미납회비를 걷지 않았지만, 걷었다고 간주해본다.
잔액 2,850,000+미납회비(400,000+300,000)
　　　　　　　　　　　　 = 3,550,000원
3,550,000÷5 = 710,000원
실제 회원들에게 나눠주는 돈은
현영 = 710,000원-미납 400,000 = 310,000원
은정 = 710,000원-미납 300,000 = 410,000원
경숙 포함 3인 = 710,000×3명 = 2,130,000원
지급 총계 = 2,850,000원

3안은 '미납회비를 걷었다고 가정한다면'이라는 가정에서 출발한다. 이 가정이 매우 쉬워 보이지만, 내 생각에는 그렇지 않다. 우선, 1안을 생각한 경숙이처럼, 보통 사람들이 문제를 인식하지 못하기 때문이다.

비슷하고 아주 유명한 문제를 내보겠다.

> 아라비아에서 상인이었던 아버지가 세상을 떠나면서, 세 아들에게 유언을 남겼다.
> "17마리의 낙타를 유산으로 남긴다. 첫째는 $\frac{1}{2}$, 둘째는 $\frac{1}{3}$, 셋째는 $\frac{1}{9}$만큼씩 사이좋게 나누어 가져라.

이 유산을 분배하려면 어떻게 해야 할까? 첫째는 8.5마리, 둘째는 5.666…마리, 셋째는 1.888…마리씩 나누어 가져야 하지만, 나누어 갖기 위해 낙타를 죽여야 하는 상황이다. 세 형제는 난감했을 것이다. 이 이야기가 재미있는 이유는 해답 때문이다. 해답은 이렇다.

낙타 1마리를 가진 노인이 지나가다가, 세 형제의 이야기를 들었다. 노인은 흔쾌히 자신의 낙타 1마리를 세 형제에게 주면서 유산으로 나누어 가지라고 한다.

그래서 세 형제는 사이좋게 다음처럼 나누어 갖는다.

$$\text{첫째는 } 18\text{마리} \times \frac{1}{2} = 9\text{마리}$$

$$\text{둘째는 } 18\text{마리} \times \frac{1}{3} = 6\text{마리}$$

$$\text{셋째는 } 18\text{마리} \times \frac{1}{9} = 2\text{마리}$$

그런데, 9+6+2=17. 낙타가 한 마리 남았다. 노인은 남은 낙타 1마리를 다시 데리고 가던 길을 간다.

초등학교 때, (사실, 나는 '국민학교'였다.) 이 문제를 처음 들었을 때, 굉장히 신기한 문제였다. 탈무드의 지혜처럼 좋은 이야기로만 생각했었다. 난센스 퀴즈로 알던 문제가 수학이라는 생각 자체를 하지 않았다.

이 문제해결의 실마리는 "1마리가 더 있다고 가정한다면"이다. 이렇게 기존의 틀을 벗어나서 생각하는 해답을 생각해 내기는 어렵다.

사실, 이 문제는 처음 유산 상속 조건에도 문제점이 있었다.

상속받는 유산의 비율을 모두 더하면, $\frac{1}{2}+\frac{1}{3}+\frac{1}{9}=\frac{17}{18}$ 로 전체 상속비의 합이 1이 되지 않는다.

그래서, 지나가던 노인의 1마리가 의미하는 바는 유산 상속의 비율을 맞춰주는 역할을 한다는 것이다.

$\frac{1}{2}:\frac{1}{3}:\frac{1}{9}=9:6:2$ 이고, 9+6+2는 17이 된다.

즉, 18마리를 유산으로 남겼다면, 9:6:2라는 비율로 낙타를 죽이지 않고도 세 형제가 유산 상속을 받고, 1마리는 남게 된다. 하지만, 17마리인 상황에서는 낙타를 죽이지 않고, 상속받는다는 것이 수학적으로는 불가능하게 된다. (2, 3, 9)의 최소 공배수가 18이기 때문이다.

의외로 일상생활에서 미지수를 x라고 두는 것, 1+2+⋯+50을 구할 때, 50+49+⋯+2+1이라고 거꾸로 쓴 것과 위아래 더해서 $\dfrac{1+50}{2}$×50이라는 '자연수의 합'을 구하는 식이 나왔다는 것을 모르고 살아가는 이도 있다.

우리는 일상생활에서 너무나 의심 없이 당연해 보이는 생각들과 마주한다. 합리적 의심을 해보지 않고 당연하게 받아들이다 보면 옳지 않았던 사실들이 어느새 옳은 게 되어 있기도 하다.

합리적 판단력과 선택을 도와주는 것이 확률이라는 학문이라고 이야기하면 곧바로 와닿을까? 아마 사람 대부분이 뚜렷한 관계를 짓기 어렵다고 말할 것 같다. 통계는 과거와 현재를 이해하는 일이고, 확률은 미래를 예측하는 것이다. 여기에는 당연히 창조적 직관력과 합리적 사고력이 동반된다. 어떤 직업군에 있더라도 통계와 확률이 유용하지 않을 수 없다.

통계로 성공한 사람을 예로 들어보겠다. '뉴욕 타임즈'의 크리켓 전문 기자였던 헨리 채드윅이라는 사람이 있었다. 이 사람은 신문에 야구 경기를 실감 나게 작성하고 싶어 했다. 그래서 1860년경 '박스 스코어'를 개발한다. 박스 스코어에는 선수별 득점, 아웃 개수, 안타, 타점, 어시스트, 실책 등이 기록되었다. 그리고, 희생타, 데드볼 등을 표 아래에 실었다. 당시에는 경기장 밖에서 야구 경기를 시청할 방법이 없던 시대였기 때문에, 박스 스코어 방식은 단순하게 경기를 알려주는 방식보다 실감 나게 다가왔다고 한다. 이후 2000년대, 오클랜드 어슬레틱스의 빌리빈 단장이 출루율을 기준으로 선수를 영입해서 효과를 톡톡히 봤던 현재까지, 야구를 좋아하는 사람이면 누구라도 야구는 통계 스포츠라고 말한다.

또 한 명의 예는 나이팅게일이다. 나이팅게일은 간호사로 알려졌지만, 사실 통계학과 수학을 매우 좋아한 수학자이기도 했다. 나이팅게일은 전쟁에서 죽는 군인보다, 병원에서 질병으로 죽는 군인이 더 많다는 것을 보고, 병원의 입·퇴원 기록, 병원 청결 상태를 조사하고, 사망자 수와 원인을 월별로 도표로 정리하기도 했다. 지금은 뉴스에 흔하지만, 당시에 이런 방식은 획기적이었다.

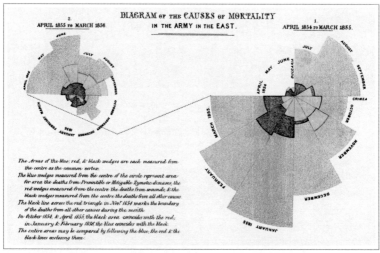

출처: https://ko.wikipedia.org/wiki/플로렌스_나이팅게일#/media/파일:Nightingale-mortality.jpg

나이팅게일의 통계 보고서로 인해 병원의 위생이 개선되었고, 군인의 병원 내 사망률이 극적으로 감소했다고 한다.[26]

26) ebsmath 사이트에 나이팅게일의 통계 이야기가 영상으로 잘 정리되어 있다.

파스칼과 드 메레의 편지 ✎

확률을 다루는 다른 책에서 잘 다루지 않는 것을 생각해보려고 한다. 바로, 파스칼과 드 메레의 편지에 나오는 문제다. 내가 이 문제에 관심을 두고 생각해보려는 이유는, 당연하게 생각하고 넘어갈 수 있는 문제이지만, 속임수가 가능한 문제이기도 하는 합리적 사고와 관련된 문제이기 때문이다.

확률을 수학으로 체계화시킨 사람은 파스칼이라고 잘 알려져 있다. 그는 '팡세'로도 유명한 그 철학자이자 수학자가 맞다. 파스칼은 '파스칼의 원리'로 유명한데, 드 메레라는 프랑스의 도박사 친구의 문제를 해결하고자 당대의 유명한 수학자인 페르마와의 편지를 주고받았다고 한다. 그리고 이 문제를 해결하는 과정에서 이항정리와 파스칼의 삼각형을 이용했다고 한다. 드 메레는 종종 파스칼에게 질문을 던졌던 것으로 보인다. 그래서 유명하게 알려진 두 문제를 해결해보려고 한다. 문제를 우리 현실에 맞게 약간 각색했다. 첫 번째 문제부터 보자.

① 실력이 비슷한 A와 B가 각각 5만 원을 걸고 게임을 했다. 총 5판 중에서 3판을 먼저 이기면 10만 원을 모두 가지기로 했다. 그런데 A가 2판, B가 1판을 이긴 상황에서 일이 생겨서 게임을 중단했다. 10만 원을 반씩 나눠 가지면 2판이나 이긴 A가 너무 억울할 것 같고, A에게 10만 원을 다 주면 B가 앞으로 이길 수도 있으니 공평하지 않은 듯하다. 어떻게 해야 공평할까?

돈 문제만 제외한다면 실제 현실에서도 있을 법한 문제다. 이 문제를 가장 단순하게 접근하는 방법은 모든 경우를 나열해보는 방법이다. 그래서 직접 나열해봤다.

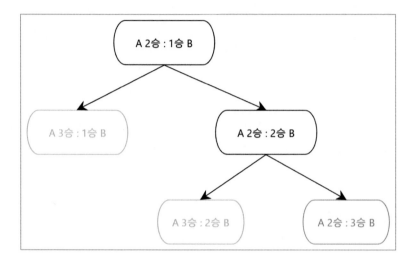

해당 수형도를 보면, 첫 번째 갈림길로 A가 이겼을 때와 B가 이겼을 때의 상황이 있다. A가 3승을 한 경우는 초록색으로 표시했다. 3승을 하면 경기가 끝나기 때문에, 더는 진행하지 않고, B가 2승을 한 경우에만, 다시 A가 이긴 경우와 B가 이긴 경우로 나누어 생각한다. 두 번째 갈림길에서 B가 이긴 경우는 파란색으로 표시했다.

위 상황을 정리하면, 총 세 가지 상황이 있다. A는 세 번의 상황 중에서 두 번을 이겼고, B는 세 번의 상황 중에서 한 번의 상황을 이겼다. 따라서, 합리적으로 10만 원을 분배하는 방법은 A가 $\frac{2}{3}$, B가

$\dfrac{1}{3}$을 갖는 방식이다.

언뜻 보면, 매우 합리적인 방식이다. 확률이라는 개념이 없을 때는 말이다. 위 상황에 확률을 적용해보면 상황이 매우 달라진다는 것을 알 수 있다.

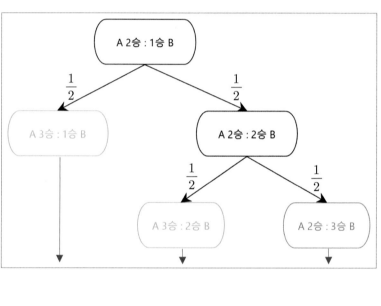

$$\dfrac{1}{2} \qquad\qquad \dfrac{1}{4} \qquad\qquad \dfrac{1}{4}$$

첫 번째 갈림길은 각각 $\dfrac{1}{2}$씩의 확률을 갖는다. 그리고, 다음 갈림길도 $\dfrac{1}{2}$씩의 확률을 갖는다. 이 상황에 확률을 적용해서 다시 정리하면 다음과 같다. A가 이길 확률이 $\frac{1}{2} + \frac{1}{4} = \frac{3}{4}$이 된다. 따라서, A는 10만 원$\times \frac{3}{4}$ = 75,000원을 분배받는 것이 합리적이다.

확률을 처음으로 배우는 학생들에게 이 문제를 제시하고, 첫 번째 그림의 수형도만을 보여주고, 확률 설명을 안 하면, 아무도 문제점을 찾아내지 못하고, $A : B = 2 : 1$이 합리적인 방식임에 동의한다. 이상한 점이 없는지 물어봐도 아무도 발견하지 못했다.

학생들이 일상생활에서 이런 상황을 마주했을 때, 합리적이라고 생각하는 방식에는 경우의 가지만 나누고, 각 상황의 발생 확률을 고려하지 않는다는 생각을 할 수 있겠다. 그래서 이 문제를 다뤄보게 됐다. 이와 같은 확률 문제를 경험할 때, 답만 3:1이라고 말하는 게 아니라, 합리적 판단의 경험을 제공하고 싶었다. 이런 경험들을 통해서 '생각을 성장시키는 학문'이 수학이라는 것을 학생들에게 이야기해주고 싶었다.

두 번째 문제로 넘어가 보자. 두 번째 문제는 두 가지 주사위 게임을 소개한다.

(1) 주사위 한 개를 네 번 던져서 적어도 한 번 6이 나오면 승리
(2) 주사위 두 개를 24번 던질 때, (6, 6)이 적어도 한 번 나오면 승리

앞의 두 가지 상황에서 드 메레는 어느 게임이 더 유리한지를 알고 싶어 했다. 드 메레는 두 게임의 확률이 같다고 생각했다. 드 메레가 생각한 방식은 다음과 같다. 당시의 확률의 발전 정도보다는 드 메레

의 수준도 꽤 높은 수준이었다고 생각된다.

---

(1) 6가지 경우가 있는 한 개의 주사위를 4번 던진다
→ 6:4
(2) 두 개의 주사위를 던지면 36가지 경우의 수가 생기고, 24번 던진다.
→ 36:24=6:4
두 경우 모두 6:4라는 같은 비가 나오기 때문에 확률도 같아야 한다.

우선 드 메레의 생각을 이해해 보기로 하자. 앞서 수열의 극한에서 보였던 것처럼, 대수적인 방법으로 '옳다 그르다' 만을 알려주는 방식은 학생에게 올바른 직관력을 심어주지 못한다. 그래서 드 메레의 '생각의 방식'을 이해하고, 어떤 부분이 틀렸는지 짚어내야 한다. 드 메레의 생각의 방식을 처음부터 천천히 따라가 보겠다.

우선 주사위 한 개를 던져 6이 나오는 것은 6번 중 1번꼴로 발생한다. 드 메레의 머릿속 이미지는 다음과 같을 것이다. 다음 동그라미 중 초록색 원은 6이 나온 상황이다.

그런데, 4번을 던진다. 그러면, 6개의 동그라미 중 4개의 동그라미가 초록색 원으로 표현된다.

그래서 6:4라는 비율 이미지가 나온다.

(2)번의 상황은 두 개의 주사위를 던져 36가지 경우의 수가 생긴다.

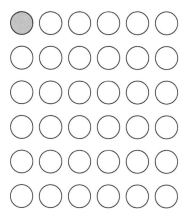

그런데, 24번을 던진다.

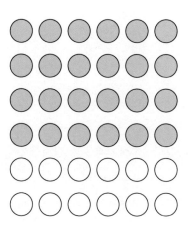

36개의 동그라미 중 24개의 동그라미가 초록색 원으로 표현된다. 따라서, 36:24=6:4라는 비율이 나온다. 드 메레는 (1)번 상황에서 그랬던 것처럼 확률에 기반하는 사고 수준으로 직관력이 올라와 있지 않다는 것을 확인했다.

이제 제대로 계산해보기에 앞서, 그림과 함께 단순하게 생각해보자. (1)번의 경우, 주사위 한 개를 던져서 6이 나오는 경우는 6번 중 1번 꼴이다.

그런데, 4번을 던질 예정이다. 이 경우에 6이 한 번도 나오지 않는 경우부터, 최대 4번 나오는 경우까지, 총 5가지 경우가 있다.

상황 이미지	경우의 수	확률
◯ ◯ ◯ ◯	$_4C_0$ = 1가지	$\left(\dfrac{5}{6}\right)^4$ =0.482253086
● ◯ ◯ ◯	$_4C_1$ = 4가지	$\left(\dfrac{5}{6}\right)^3\left(\dfrac{1}{6}\right)^1\times 4$
● ● ◯ ◯	$_4C_2$ = 6가지	$\left(\dfrac{5}{6}\right)^2\left(\dfrac{1}{6}\right)^2\times 6$
● ● ● ◯	$_4C_3$ = 4가지	$\left(\dfrac{5}{6}\right)^1\left(\dfrac{1}{6}\right)^3\times 4$
● ● ● ●	$_4C_4$ = 1가지	$\left(\dfrac{1}{6}\right)^4$

초록색 원이 하나라도 나오는 경우는 전체 5가지 상황 중 4가지 상황이다. 그리고 전체 상황에 따른 경우의 수는 16가지이고, 한 번이라도 6이 나오는 경우는 무려 15가지 경우나 된다.

앞의 표를 통해 결론적으로,

적어도 한 번의 6이 나오는 경우의 확률은

$1-0.4822... > \dfrac{1}{2}$

50%가 넘는다는 것을 알 수 있다.

이제 (2)번의 상황으로 넘어가 보자. 24번 중에서 적어도 한 번 (6, 6)이 나오는 상황을 구하는 것보다는, 여사건의 확률로 (6,6)이 한 번도 나오지 않는 확률을 구하는 것이 낫다. 따라서,

---

$1-\left(\dfrac{35}{36}\right)^{24} = 1-0.508596124 < \dfrac{1}{2}$

50%보다 작다는 것을 알 수 있다.

드 메레가 살던 시절에는 엑셀이라는 훌륭한 프로그램이 없었기 때문에, 지금은 간단해 보이는 계산이라도 당시에는 큰 노력이 필요했을 것이다. 어찌 생각해보면, 드 메레는 직관력이 매우 뛰어난 사람이라고 생각된다. 계산기 없이 직관력만으로 불과 2.6% 정도 차이밖에 안 나는 두 사건의 확률이 같다고 추정한 것은 대단하다. 우리는 계산기만 두드리면 나오기 때문에, 조금 더 생각해보기로 하자. 이 상황을 엑셀로 정리해봤다.

다음 표의 왼쪽 두 개의 열은 (1)번 상황의 주사위 한 개를 n번 던졌을 때, 던지는 횟수에 따른 확률값이고, 오른쪽 두 개의 열은 (2)번 상황의 주사위 두 개를 n번 던졌을 때, 던지는 횟수에 따른 확률값을 구해놓은 것이다.

던진횟수1=	4	던진횟수2=	24
확 률=	0.517746914	확 률=	0.491403876

던진횟수	=1-(5/6)^n	던진횟수	=1-(35/36)^n
1	0.1667	18	0.3977
2	0.3056	19	0.4145
3	0.4213	20	0.4307
4	0.5177	21	0.4466
5	0.5981	22	0.4619
6	0.6651	23	0.4769
7	0.7209	24	0.4914
8	0.7674	25	0.5055
9	0.8062	26	0.5193
10	0.8385	27	0.5326

(1)번의 확률은 약 0.5177이었다. (2)번의 0.4914와 차이가 매우 적음이 확인됐다. (2)번 상황이 (1)번과 확률이 비슷하기 위해서는 26번은 던져야 한다는 것을 알 수 있다. (2)번 상황의 초록색 부분을 보자. 25번 던졌을 때 0.5055로 처음으로 50%를 넘어선다는 것을 알 수 있고, 26번 던졌을 때 0.5193으로 (1)번의 확률을 넘어선다는 것을 쉽게 알 수 있다. 어쩌면 드 메레는 이런 정확한 계산 없이 직관적으로 두 확률이 비슷하다는 것을 알았는지도 모른다.

여기서, 새로운 의문을 가져보자. 주사위 개수를 늘려갈 때, 처음으로 0.5를 넘는 횟수는 어떻게 될지 관찰해 보자. 지오지브라에서 다음과 같은 방법으로 $\frac{1}{2}$의 확률을 처음으로 넘어가는 횟수를 구해봤다.

① $f(x) = 1 - \left(1 - \left(\frac{1}{6}\right)^n\right)^x$ 를 만든다.

　n은 슬라이더로 1부터 10에서만 설정했다.
② y=0.5 직선을 만든다.(파란선)
③ 교점[f, g]로 점 A를 만든다.
④ A의 x 좌푯값의 올림을 구한다.: ceil[x[A]]
　이 값이 0.5를 넘는 최초의 n 값이 된다.

이런 방식으로 다음과 같은 그래프가 그려졌다.

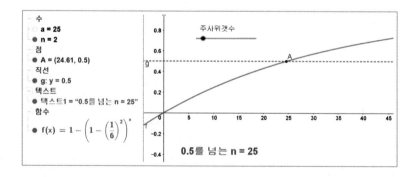

주사위 개수를 늘려가면서 최초의 n값을 구할 수 있는데, 이를 엑셀 표로 다시 정리하면 다음과 같다. 규칙성을 찾기 위해서

$$\frac{n}{\text{전 체 경 우 의 수}}$$ 를 계산해서 제일 오른쪽 열에 넣었다.

주사위 개수	총 경우의 수	50% 넘는 시점	나눈 값
1	6	4	0.66667
2	36	25	0.69444
3	216	150	0.69444
4	1296	898	0.69290
5	7776	5390	0.69316
6	46656	32340	0.69316
7	279936	194037	0.69315
8	1679616	1164221	0.69315
9	10077696	6985327	0.69315
10	60466176	41911959	0.69315

표에서 $\dfrac{n}{\text{전 체 경 우 의 수}}$ 의 값이 특정한 값에 수렴하는 것이 관찰되고 있다. 이 값이 ln2의 값으로 추측된다. 왜 그런지는 다시 식으로 돌아가 보자.

$$1 - \left(1 - \left(\frac{1}{6}\right)^n\right)^x = 0.5,$$

$$\frac{1}{2} = \left(1 - \frac{1}{6^n}\right)^x = \left(1 - \frac{1}{6^n}\right)^{6^n x \frac{1}{6^n}} \approx e^{-\frac{x}{6^n}}$$

따라서, $\dfrac{x}{6^n} = \ln2 = 0.693147\ldots$

해당 결과로부터, $\dfrac{50\% \text{ 넘는 시점의 } n \text{값}}{\text{총 경우의 수}}$ 의 값이 ln2에 수렴한다는 것을 확인했다.

만약, 드 메레가 이런 사실을 알았다면, 총 경우의 수에 약 0.7을 곱해보거나, 더 정확하게 0.693 정도만 곱해봐도 결과를 예상할 수 있었으리라 생각한다.

파스칼의 일화에서 봤듯이, 도박으로부터 체계화된 확률이론은 게임에 적용하기에 가장 최적의 학문이다. 하지만, 카드놀이 하는 사람들을 우리가 보게 된다면, '수학 놀이'하고 있다고 얘기하지는 않는다. 시중에 나와 있는 수학 게임이나 보드게임이 정말 수학과 관련이 있는 걸까? 이 부분을 생각해보려고 한다. 그래서 유명한 tic-tac-toe부터 얘기해보자.

Ultimate tic-tac-toe ✏

스도쿠나 테트라스퀘어 같은 게임은 이미 많이 알려진 수학 게임이다. 숫자나 도형이 들어가 있는 게임들은 이미 수학 게임이라는 선입견이 생긴다. 하지만, 너무도 단순해 보이는 '틱-택-토' 게임이나 오목이 과연 수학이라는 학문으로 탐구되고 연구할 가치가 있는 걸까?

내 생각에는 너무도 완전 수학이다. 그리고, 연구할 가치는 충분하다. 우선 우리가 알고 있는 tic-tac-toe 게임은 일명 삼목이다. 다음 그림처럼, 총 9칸 안에, O, X를 차례로 두어, 한 줄로 같은 모양을 먼저

만드는 사람이 승리하는 단순한 게임이다.[27]

X	O	O
O	X	X
		X

먼저 한 사람이 무조건 유리하다. 내가 소개하려는 게임은 'ultimate tic-tac-toe', 즉 궁극의 틱택토다. 이 게임은 다음 그림처럼 9칸의 커다란 사각형 안에 다시 작은 틱택토 게임이 들어가 있다.

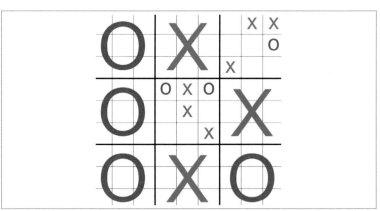

* https://www.theofekfoundation.org/games/UltimateTicTacToe/ 사이트에서 온라인 게임을 즐길 수 있다.

---

27) 구글에서 틱택토를 검색하면 즉시 인공지능과 게임할 수 있다.

게임 규칙

큰 틱택토 안에는 다시 작은 틱택토가 하나씩 들어있다.

① A가 O를 표시한다.

② B는 A가 표시한 O의 위치에 해당하는 큰 틱택토의 구역을 찾아, 해당 구역에서만 X를 표시할 수 있다.

예를 들어, A가 가운데 구역의 (2, 3) 위치에 두었기 때문에, B는 큰 틱택토의 (2, 3)지역에서 두었고, B가 (3, 2)에 두었기 때문에, A는 큰 틱택토의 (3, 2)구역에서만 두어야 한다.

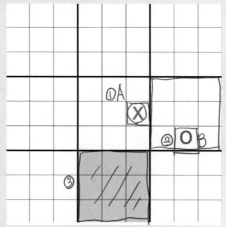

③ 승리 규칙: 큰 틱택토에 3개를 일렬로 차지하면 승리한다.

이 게임은 단 한 번만 해보더라도, 매력에 빠질 수밖에 없다. 심리, 전략, 사고력, 창의력 어떤 좋은 말을 붙이더라도 괜찮다고 생각할 것이다.

그렇다면 이 게임이 수학적일까? 보다 직설적으로, 이 게임을 수업시간에 학생들과 하고 있을 때, 누가 보더라도 수업하고 있다고 생각할 수 있을까? 이 질문에 답하기 위해서는 다른 질문이 필요하다. 이 활동을 통해서 '학생은 무엇을 배우고 경험하는 걸까?' 그리고, 질문이

하나 더 필요하다. 수학은 학생에게 어떤 것을 가르치려고 할까?

우선, 앞장에서 계속 이어지는 수학에 대한 나의 생각이다. 수학은 생각을 성장시키는 학문이다. 수학은 배우는 사람의 생각을 성장시키려고 한다. '궁극의 틱택토'는 단순한 게임이 아니라, 다양한 경우의 수를 가지고, 이전의 경험을 바탕으로 하는 통계적 성격을 가진다. 더 유리하다고 생각되는 다음 수는 확률적 상황을 계산해 내는 직관력과 통찰력을 경험하게 한다. 체육 시간에 축구를 통해 신체를 단련하고 사회성을 키우듯이, 수학 시간에 두뇌를 단련한다.

하지만, 모든 게임을 수학적이라고 할 수는 없다. 수업 시간에 트럼프 카드놀이를 하면서 수학을 학습하고 있다고 주장한다면, 얼마나 우스울까? 고등학교 수업 시간에 세계 일주 게임을 하는 것이 수학이라고 한다면, 상황에 맞지 않는다. 우리나라 민속문화라며 화투를 수업 시간에 하는 것이 도형을 배우는 학습이라고 할 수 없다. 온라인으로 총싸움 게임을 하는 학생이 벡터학습을 경험하고 있다는 교사는 없다. 따라서, 교육적 가치가 게임에 우선되어야 하며, 목적과 방법이 교육적이어야 한다.

내가 생각하는 수학적 게임에 필요한 요소는 다음을 갖추고 있어야 된다고 생각한다.

전제는, 교육적 가치가 게임의 재미보다 우선되어야 하며, 목적과 방법이 교육적이어야 한다.
① 학생이 해당 학문과 관련해 가치 있는 경험을 배울 수 있어야 한다.
② 목적을 기반으로 학습이 이뤄지고, 교육 결과가 과학적으로 기술될 수 있어야 한다.

③ 학습자가 사고를 자극하는 발견적 추론을 경험해야 한다.
④ 학습자가 가진 이전의 경험과 수준에 연결되어야 한다.
⑤ 게임에서의 경쟁은 공정하고, 내용학 면에서 가치가 높은 경쟁이어야 한다.

　수학적인 게임에는 숫자 야구 게임, 님 게임도 빠지지 않는다. 여기서 한 가지 더 소개하고 싶은 게임이 있다. 님 게임과 비슷하지만, 규칙이 다르다. 인터넷에서는 '돌 줍기 게임'이라고 부르는데, 정확한 명칭인지는 잘 모르겠다. 게임 규칙은 다음과 같다.

게임 준비: 바둑돌을 10개씩 줄을 맞춰 내려놓는다.
　　　　　 20개 이상 최대 개수는 제한이 없다.
　　　　　 30개~40개 정도가 적당하다.
① A가 가져가고 싶은 바둑돌의 개수만큼 가져간다.
② B는 A가 가져간 바둑돌 개수의 2배 이하만 가져갈 수 있다. 즉, A가 2개를 가져갔다면, B는 1~4개를 가져갈 수 있다. 이런 방식으로 게임이 진행된다.
③ 마지막 바둑돌을 가져가는 사람이 승리한다.
④ 첫 번째 시작하는 사람은 모두 가져갈 수 없다.

　이 게임의 승리 규칙은 뭘까? 이 게임을 이해하기 위해서는 뜻밖의 유명한 수인 '피보나치 수'을 이해하고 있어야 한다. 이 게임에 승리하기 위해서 우선 피보나치 수에 관해서 설명해보겠다.

피보나치 수(Fibonacci numbers) ✏

피보나치 수는 1, 1, 2, 3, 5, 8, 13... 으로 나가는 이전 두 수의
합이 다음 수가 되는 규칙을 갖는 수의 열이다.

$$f_n = f_{n-2} + f_{n-1} \ (n \geq 2)$$

앞에 소개된 게임을 위해서라도 100 이하의 모든 피보나치 수를
파이썬을 이용해서 구해보자.

```
a=[1,1]
ratio = []
for i in range(2,101):
    n=a[i-1]+a[i-2]
    if n > 1000:
        break
    a.append(n)
    k=round(a[i-1]/a[i], 4)
    ratio.append(k)

print("피보나치 수: ", a,  "비율: ", ratio, "피보나치 수 개수: ", len(a),
sep='\n')
```

피보나치 수:
[1, 1, 2, 3, 5, 8, 13, 21, 34, 55, 89, 144, 233, 377, 610, 987]
비율:
[0.5, 0.6667, 0.6, 0.625, 0.6154, 0.619, 0.6176, 0.6182, 0.618, 0.6181, 0.618, 0.618, 0.618, 0.618]
피보나치 수 개수: 16

파이썬이 낯설다면 엑셀로는 더 빠르고 쉽게 만들 수도 있다.

피보나치 수	비율(f_n/f_{n-1})
1	
1	1
2	2
3	1.5
5	1.666666667
8	1.6
13	1.625
21	1.615384615
34	1.619047619
55	1.617647059
89	1.618181818
144	1.617977528
233	1.618055556
377	1.618025751
610	1.618037135
987	1.618032787

* 수식이 매우 단순하다. '=B1+C1', '=B2/C2' 두 종류만 입력해서 드래그하면 된다.

피보나치 수는 그 성질이 너무 많아서 이 주제만으로 책 한 권은

거뜬히 나온다. 그중에 한 가지 아름다운 성질은 $\dfrac{\text{다음항}}{\text{전항}}$ 이 황금비

에 수렴한다는 것이다. 피보나치 수열이 황금비와 연결된다는 것도
신기한데, 파스칼의 삼각형이나 경제의 피보나치 기법이라는 용어를
본다면, 요즘 유행가요처럼 '니가 왜 여기서 나와?'라는 생각이 든다.

제켄도르프의 원리 ✏️

피보나치 수열과 관련한 이론 중 얼핏 생각하기에는 골드바흐의 추측[28]
과 비슷한 이론이 있다. 제켄도르프의 이론(Zeckendorf's theorem)이다.

> 모든 자연수는 연속하지 않은 피보나치 수의 합으로 표현할 수 있고, 그 표현
> 이 유일하다.

예를 들어, 30 이하의 피보나치 수는 7개가 있다. 30 이하의 가장
큰 피보나치 수는 21이다.

$$\text{'}30=21+9\text{'}$$

로 표현할 수 있다. 9 이하의 가장 큰 피보나치 수는 8이다.

---

28) 2보다 큰 모든 짝수는 두 개의 소수(Prime number)의 합으로 표시할 수 있다. 동일한 소수
를 두 번 사용하는 것도 허용한다.

'30=21+8+1'

로 표현할 수 있다. 만약 50을 이런 방식으로 바꾼다면,

'50=34+13+3'

로 표현할 수 있다.

여기서 주의할 점은 5=3+2로 표현하지 않는 것이다. 2와 3은 연속한 피보나치 수이기 때문에, 제켄도르프의 원리에 해당하지 않는다.

이제 '돌 줍기 게임'으로 돌아가 보자. 피보나치 수와 제켄도르프의 원리가 도대체 돌 줍는 것과 어떤 연관성이 있을지 처음에는 감이 잡히지 않을 수 있다. 천천히 가보자.

바둑돌 대신, 이해하기 쉽도록 네모 칸을 색칠해서 표현해보겠다. A, B 두 사람이 순서대로 게임을 진행한다고 했을 때, A가 승리하는 전략은 다음과 같다.

| A | A | B | A | A | B | A | B | B | 승 |

왼쪽 → 오른쪽으로 진행

[그림의 순서 설명]
A:2개 → B:1개 → A:2개 → B:1개 → A:1개
 → B:2개 → A:승리[29]

---

29) https://javalab.org/picking_up_stones_2/ 사이트에서 게임을 할 수 있다.

해당 그림에서 B의 위치에 주목해라. B의 위치는 제일 마지막 '승'을 기준(제일 오른쪽, 승 포함)으로 8번째, 5번째, 3번째, 2번째에 있다. 8, 5, 3, 2를 보고, '아하'를 외쳐주면 좋겠다. 처음에 25개로 시작하는 또 다른 경우에는 다음 그림과 같다. 마찬가지로 패하는 자리에 색칠해 두었다.

왼쪽 → 오른쪽으로 진행

A	B	B	A	B	B	A	B	B	A
A	A	B	B	B	B	A	B	B	A
B	A	B		승					

해당 그림에서 B가 점령한 위치는 마지막의 '승'을 기준으로 21번째, 13번째, 8번째, 5번째, 3번째다. 이쯤 되면, 이 게임의 필승전략이 '피보나치 수'임을 알아챘을 것이다. 상대를 피보나치 수의 위치로 보내는 것이 승리 규칙이다.

하지만, 어떻게 하면, 상대를 저 위치로 보낼 수 있을까? 신기하게도 '제켄도르프의 원리'가 이 게임의 두 번째 승리전략이다. 위 게임에서 A가 택한 수를 살펴보자. A의 개수가 아니라, B 차례가 끝난 후, 남아 있는 칸의 수를 봐야 한다.

A	B	B	A	B	B	①	B	B	②
②	②								
			승						

① 위 상태에서 남아 있는 칸은 19칸이다. 제켄도르프의 원리로 19를 분해해보면,

$$19=13+6=13+5+1$$

이므로, A는 1칸을 차지한다.

② B가 2칸을 차지한 후, 남아 있는 칸은 16칸이다.

$$16=13+3$$

이다. 따라서, A는 3칸을 차지한다.

이런 방식으로, A는 항상 피보나치 수의 조합이 유지되는 선택을 하면, 상대를 피보나치 수로 유인할 수 있다. 이 설명만으로 왜 이렇게 되는지 이해가 안 갈 수 있다.

이해라는 것은 문자가 그림으로, 혹은 그림이 문자로 상호 넘나들거나, A를 B로 바꿔서 표현할 수 있는 능력을 얘기하는데, 이해하기 위해서는 이전 장에 알려준 사이트에서 게임 10번 정도 직접 해보는 것을 추천한다. 다음 게임으로 넘어가 보자.

손가락 숫자 게임 ✏️

이 게임은 『괴델, 에서, 바흐』라는 책에서 봤다. 수업 시간에 종종 잠 깨울 때 사용하는 게임인데, 나는 '아이언 맨' 게임이라고 부른다. 게임 방식은 이렇다.

두 명이 게임을 위해, 한 손을 주먹 쥐고 준비한다.
① 가위, 바위, 보를 하듯이 '아이언 맨'을 외치며, 손가락을 편다.
② 손가락 개수를 비교해서 많은 사람이 이기고, 펴진 손가락 숫자만큼 점수를 갖는다.
③ 만약, 개수 차이가 1개라면, 적은 개수를 편 사람이 이기고, 두 사람의 손가락 개수를 더한 수만큼 점수를 얻는다.
④ 21점을 먼저 얻는 사람이 이긴다.

이 게임도 단순해 보이지만, 상대의 심리를 읽어야 하는 두뇌 전략 게임의 일종이다. 상대의 패턴을 읽어내는 통계적 추정과 매 순간 확률적 상황 속에서 최선의 전략을 택해야 한다. 마지막으로 소개할 게임은 바코드나 컴퓨터와 관련이 있는 게임이다.

동전 뒤집어 맞히기 마술 ✏️

동전 뒤집어 맞히는 마술은 어디서든 할 수 있는 매우 간단한 마술인데, 의외로 학생들이 매우 좋아해 준다.

① 동전 10개가 앞, 뒤가 무작위로 놓여 있다. (동전의 개수는 상관없다.)
② A가 B에게 동전을 펼쳐 보이고, A는 두 눈을 가리거나 뒤를 돌아 동전이
  안 보이도록 한다.
③ B는 무작위로 동전의 앞뒤를 바꾸는데, 동전을 바꿀 때마다 "바꿨다"라고
  말만 해줄 뿐, 어느 동전을 어떻게 바꿨는지는 얘기하지 않는다.
④ B가 동전 하나를 손으로 가리고, A는 B가 손으로 가린 동전이 앞면인지,
  뒷면인지 맞히는 마술이다.

이 마술은 신호나 정보와 관련이 있다. 처음 놓인 동전의 개수에
상관없이 앞인 동전의 개수는 짝수 또는 홀수다. 예를 들어, 처음에
동전이 다음과 같이 있었다고 가정해보자.

출처: 한국은행 사이트(http://www.bok.or.kr/)

편의상 개수 표현을 순서쌍으로 표현하겠다. 현재는 (홀, 짝)이 (5,
5)인 상태다. (5, 5)는 둘 다 홀수다. 만약, B가 바꾸는 횟수가 1번이

면, 이때 가능한 상황은 (4, 6) 또는 (6, 4)이다. 이번에는 모두 짝수가 됐다. 만약, B가 2번 바꾼다면, 가능한 상황은 (3, 7), (5, 5), (7, 3)이다. 모두 홀수가 됐다. 즉, B가 바꾸는 횟수가 홀수이면, 홀짝의 속성이 바뀌고, 바꾸는 횟수가 짝수이면, 홀짝의 속성이 유지된다. 그래서, A는 사전에 깔린 동전의 홀짝 속성만을 보고, 바꾼 횟수를 기억하는 것이 아니라, 바꾼 횟수의 홀짝 속성만을 생각해서 마지막 동전을 맞출 수 있다.

예를 들어, 다음과 같이 앞은 하얀색, 뒤는 주황색인 열 개의 동그라미가 있다고 하자.

만약, 3번 뒤집었다고 하고 마지막 동그라미의 색을 맞춘다고 해보자.

3번 뒤집으면, 원래 모두 홀수였던 속성이 짝수로 바뀌게 된다. 따라서, 마지막 동그라미는 주황색이어야 한다.

이 동전 마술의 원리는 신호를 전송하거나 상품의 바코드를 만드는 일에도 쓰인다. 우리가 흔히 볼 수 있는 바코드에는 진위를 판별해 낼 수 있는 암호를 부여하기 때문이다.

2 020081 778900

* 인터넷에서 쉽게 바코드를 생성할 수 있다.

어떤 물건을 생산할 때, 생산 연월일과 생산한 라인이나 기계, 검수 원 번호 등을 넣어두면 품질관리가 수월할 수 있다. 게다가 인증 코드를 심어둠으로써 가짜 상품의 유통을 막을 수 있을 것이다.

예를 들어, 어떤 제품에 '2020081712'를 부여하고 싶다면, 이 제품의 진위를 판별할 수 있도록 마지막에 숫자를 심어둘 수 있다. 홀수 번째 수는 더하고, 짝수 번째 수는 모두 더한 후 3배를 한다.

(2+2+0+1+1) + 3×(0+0+8+7+2) = 57이다. 마지막 인증 숫자는 모두를 더한 합이 11로 나눈 나머지가 0이 되도록 하는 숫자를 넣는다. 즉, 57+9=66이므로, 마지막에 9를 넣으면 11로 나눈 나머지가 0이 된다. 이렇게 해서 만들어진 최종 코드는 '202008171209'가 된다. 여기까지 왔는데도 동전 마술과 바코드의 연관성을 모르겠다면, 컴퓨터로 설명하겠다.

컴퓨터의 언어는 0과 1로 표현된다고 알려져 있다. 예를 들어, A가 B에게 '1011000011'(10자리)이라는 신호를 보낸다고 해보자. 신호가 제대로 갔는지, 오류가 없는지 확인하는 방법이 있다. 마지막에 숫자를 넣어서 전체 숫자의 합이 짝수(2로 나눈 나머지가 0)가 되도록 하는 것이다. 위 신호를 바꾸면, '10110000111'로 표현된다.

제주 수학축제를 시작으로 전국에서 수학축제가 열리고 있다. 수학축제에 참여할 때마다, 같은 질문을 마주한다.

> 이런 활동들이 수학 교육과정과 관련이 있는 건가?
> 이거 하면 수학의 어떤 걸 배우는 거지?
> 수학 공부 맞아요?

이 질문에 일일이 답변을 해줄 수는 있다. 하지만, 그 전에 우리 교육과정을 반성해야 하지 않을까? 왜 수학 체험전을 경험하는 사람들이 초·중·고에서 배우는 수학과 동떨어져 있다고 생각하는지를 돌아보아야 한다.

우리는 학교에서 학생의 마음을 이해하거나 담으려고 하지 않았다. 종이 위에 평가되는 모든 것들은 수학이 가지고 있는 열 가지 중에 오직 한 가지만을 평가할 수 있고, 여기에 몰두했다. 학생들은 답이 나오는 활동에 매달려야 좋은 평가를 받을 수 있어서, 학교와 학원은 답을 낼 수 있는 활동에 치중했다. 이러는 사이 생각하는 힘, 현상을 분석하고, 불변의 진리를 찾는다는 본래의 취지는 멀어졌다. 수학이라는 학문의 의미도 변색할 수밖에 없었다. 수학 체험전의 모든 것들이 수학이지만, 이미 수학이 아니라고 인식하는 사람이 생길 수밖에 없었다.

제 **6** 장

×

니가 왜
여기서 나와?

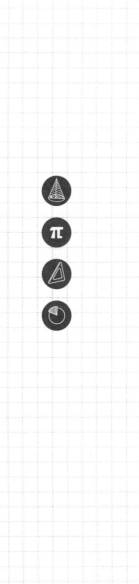

새로운 작도 상황을 마주할 때마다, 이전의 작도 경험을 떠올리며 고민고민 끝에 성공해내면 진짜 대단한 무언가를 발견한 것마냥, 정말 행복하다. 그래봤자, 누구한테 보여줄 수도, 공감할 수도 없는 혼자만의 기쁨인데, 그렇게 좋을 수가 없다. 수학 문제를 풀어서 답을 맞히는 행복과는 비교가 되지 않는다. 작도의 해법은 언제나 이전의 경험 속에 있었다. 내 머릿속 어딘가에 답이 있지만, 상황에 필요한 적절한 경험이 곧바로 떠오르지 않아서 스스로 즐거운 고민으로 컴퓨터를 만지작거린다. 그런데, 반복적으로 작도를 하다 보면 문득 깨달음이 온다. 점과 직선, 직선과 곡선으로 넘어가는 작도에는 이차곡선이 자주 등장했고, 한 가지 작도를 해결하면 이것을 이용하는 다른 작도들이 덩달아 해결되는 경우가 많았다. 그래서 여기에서 산술, 기하, 조화평균이라는 주제를 가지고 작도에서 생각한 경험에 관해서 이야기해보려고 한다.

산술, 기하, 조화 ✏️

우선 각각의 의미부터 그림으로 이해할 수 있도록 살펴보기로 하자. 반원을 이용해서 표현한 최초의 사람이 누구인지는 모르겠다. 매우 직관적이고 이해하기 쉬운 방식이어서 반원을 이용하기로 하자.

우선, 산술평균. 평균이라고 말하면 누구나 알 수 있는 용어다. x_1, x_2, x_3, $\cdots, x_n$의 산술평균은

$$\frac{1}{n}(x_1 + x_2 + x_3 + \cdots + x_n)$$

로 표현한다. 이제부터는 그림을 보면서 알아보자.

지름 위의 임의의 점 F에 대해, 다음 그림과 같이 a=거리[A,F], b=거리[F,B]이다. 여기서, 반지름은 $\dfrac{a+b}{2}$로 산술평균이 됨을 이해할 수 있다.

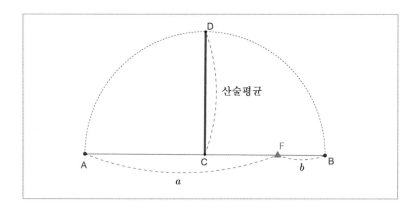

두 번째로 기하평균. 기하평균은 n개의 수의 곱의 n제곱근을 의미한다. 즉, $\sqrt[n]{a_1 \cdot a_2 \cdot \,\cdots\, \cdot a_n}$로 표현한다. 기하평균은 직각삼각형의 높이에서 찾을 수 있다. 다음 그림에서 높이가 기하평균[31]이 된다.

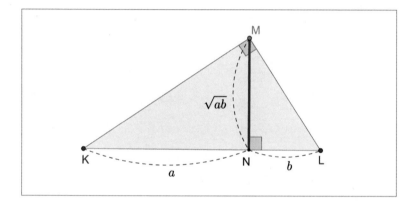

직각삼각형의 높이가 기하평균임을 이해한다면, 다음 그림의 반원에서 원주 위의 임의의 점과 지름의 양 끝점을 이어서 만든 모든 삼각형이 직각삼각형이 되기 때문에, 파란색 선(높이)은 항상 기하평균이 되고, 산술평균 ≥ 기하평균임을 이해할 수 있다.

---

31) 높이를 x라고 두면, 삼각형KNM과 삼각형MNL이 닮음이기 때문에, $a:x=x:b$가 성립한다. 따라서, $x^2 = ab$가 된다.

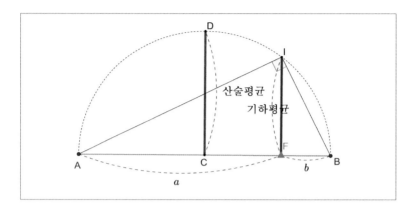

마지막으로, 조화평균. 조화평균은 '역수의 평균의 역수'를 의미하는데, 이렇게 표현하면 생각이 꼬인 것 같아서 다르게 표현해보겠다.

두 수 a, b의 조화평균을 H라고 할 때, 역수의 평균 $\dfrac{\frac{1}{a}+\frac{1}{b}}{2}$ 을 구하면, $\dfrac{1}{H}$를 구할 수 있다. 결국, $H=\dfrac{2ab}{a+b}$가 된다. 이 부분을 이해하지 못했더라도 다음 사각형을 보면서 이해해 볼 수 있다.

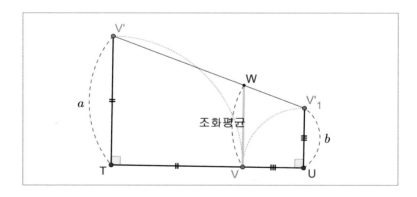

선분 위의 임의의 점 V를 잡고, 선분TU에 수직이고, 거리가 선분 TV와 같은 점 V'을 점 T와 연결해서 선분을 만들고, 마찬가지 방법으로, 선분UV의 길이와 같은 거리에 있고, 선분VU와 수직인 점 V_1'을 작도하였다. 그리고, V'과 V_1'을 선분으로 이어준다. V에서 선분 TU에 수직인 직선의 교점 W를 잡으면, 선분 WV는 a, b의 조화평균이 된다. 이 부분은 다음 장 이해를 위해서 이유를 알아보자. 선분VW(초록색 선)의 길이를 x라고 하고, 두 점 W, V'을 지나는 직선의 기울기가 같다는 사실을 이용하자. 즉, WV'의 기울기와 V_1'W의 기울기는 같다. 따라서, $\dfrac{a-x}{a} = \dfrac{x-b}{b}$이 성립하고, 이 식을 x로 정리하면 $x = \dfrac{2ab}{a+b}$가 된다.

산술, 기하평균처럼 다시 반원 위에서 생각하려고 한다. 조화평균과 기하평균의 관계를 알아보기 위해서 다음 그림을 보자.

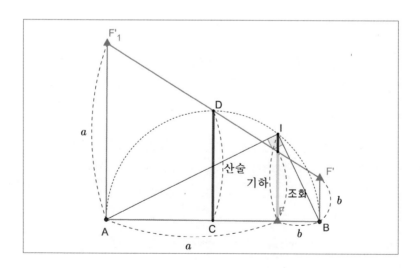

반원의 지름 위의 임의의 점 F를 기준으로, 좀 전에 만들었던 사다리꼴을 동일하게 만든 그림이다. 따라서, 사다리꼴ABF'F$_1$'을 보면, 초록색 선이 조화평균이고, 직각삼각형의 높이에 해당하는 기하평균보다 길이가 짧은 것이 보인다. 컴퓨터에서 F를 좌우로 움직여보면, 산술, 기하, 조화평균의 관계를 시각적으로 관찰해볼 수 있다.[32]

포물선에서 찾은 산술, 기하, 조화평균 ✏️

포물선, 타원, 쌍곡선은 다양한 작도법, 광학적 성질 등 이미 지오지브라에서 다뤄야 하는 것이 최소 50가지 이상은 된다. 시험에 자주 출제되는 유형이라서가 아니라, 이차곡선을 탐구하는 수학적 가치로서 중요하다고 본다. 그리고 컴퓨터를 이용해서 이차곡선의 성질을 하나씩 검증해나가고, 다시 이것을 증명해 나가는 과정은 동아리 활동이나 심화 수업으로서 의미가 있는 활동이다. 기존의 논문자료를 찾아보는 것도 재미있지만, 직접 증명해보는 도전이 재미있는 부분이다. 그래서 이 부분을 뒤에 실었다.

다음 그림을 보면, $y^2 = 4px$ 표준형 포물선이 그려져 있고, 초점을 지나는 직선과 접선에 의해 다양한 선분과 점, 원을 작도해 두었다. 포물선에서 다루는 성질들은 마름모와 이등변삼각형으로부터 추출되

---

32) http://ko.mathteacher.wikidok.net/wp-d/5b822b6e9ec8a5e03ff7b00f/View

는 다양한 성질을 다루게 되는데, 여기서는 산술, 기하, 조화평균만 찾아보자. 이것을 찾기 위해서 원 두 개면 충분하다. 우리의 최종 목적지는 다음 그림이다.

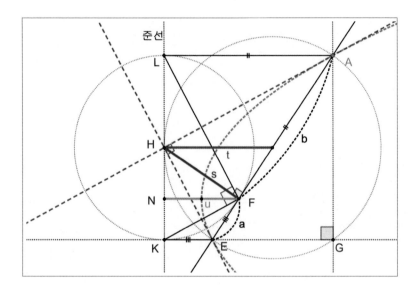

지면을 아끼기 위해 앞의 그림으로 설명하려 했지만, 이해하기 쉽게 설명하기 위해서, 어쩔 수 없이 그림을 나눠서 설명할 수밖에 없었다.

다음 그림을 보면 포물선(분홍색 선)이 있고, 초점 F, 그리고 초점 F를 지나는 직선AE가 있다. 그리고, 선분 AF의 길이는 b, 선분 EF의 길이는 a이다. 포물선의 정의에 의해서, 초점까지의 거리와 준선까지의 거리는 같다. 이 부분의 설명은 굳이 읽지 않고, 그림을 보는 것만으로 충분하다.

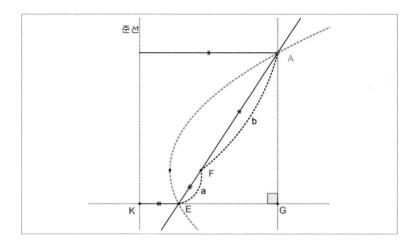

여기서 주안을 두고 봐두어야 하는 부분은 따로 정리해두려고 한다. 점 A의 x좌표의 크기를 x_1, y좌표의 크기를 y_1이라고 하고, 점 E의 x좌표의 크기를 x_2, y좌표의 크기를 y_2라고 생각해보면, 다음과 같이 정리된다.

> 선분 EG의 길이 $= x_2 - x_1$
> 선분 AG의 길이 $= y_1 + y_2$

이제, 다음 그림처럼, 지름이 LK인 원을 만들면, 신기하게도 초점을 지나는 원이 만들어진다. 따라서, 직선 AE는 원의 접선이 된다. 점 F에서 원의 중심(H)을 이은 선분을 만들고, 준선에 수선(N)을 내린다. 이렇게 해서 다음 그림과 같이 선분s(파란 선), u(주황색 선)를 만들었다.

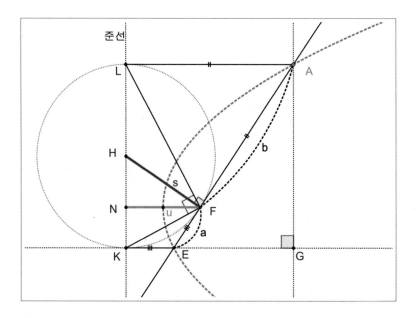

1. u(주황색 선)는 a, b의 조화평균이다.

   u의 길이는 $\dfrac{2ab}{a+b}$ 이다.

2. s(파란 선)는 원의 반지름이다.

  이전 장에서 사다리꼴에 선분을 만들어 조화평균이 만들어지는 원리를 경험했다. 주황색 선은 이전의 경험과 비슷하게 사다리꼴ALKE 내부에 있다. 또한, 닮음비를 이용하면 간단하게 식으로 확인할 수 있다. 포물선의 꼭짓점 O, 선분 NF의 길이를 $2x$라고 하자. 삼각형 AKE 와 삼각형 AOF의 닮음을 이용하면, $b : a+b = x : a$이 성립한다. 따라서, $x = \dfrac{ab}{a+b}$ 이고, 선분 NF의 길이는 $2x$ 이므로, $\dfrac{2ab}{a+b}$ 가 된다.

이제 최종 그림으로 가보자. 그림이 복잡하지만, 이전의 경험과 연결해보면서 생각하자.

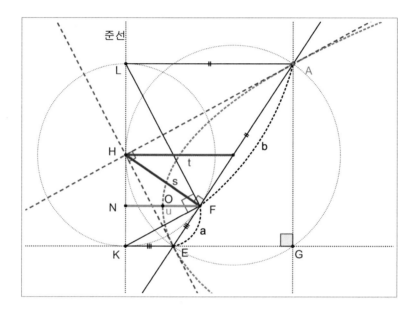

초록색 점선 두 개는 접선이고, 두 접선의 교점은 준선 위에서 수직으로 만나고 있다.[33] 선분 AE를 지름으로 하는 원은 점 H를 지난다. 그래서, 삼각형 AHE는 직각삼각형이다.

---

33) 포물선의 성질 중 하나다. 준선 위의 임의의 점에서 포물선에 그은 두 접선은 서로 수직이다.

직각삼각형 AHE에서
1. 파란선 s는 직각삼각형의 높이이고, 기하평균 $\sqrt{ab}$ 이다.
2. 빨간선 t는 원의 반지름이므로, 산술평균 $\dfrac{a+b}{2}$ 이다.

여기까지, 산술, 기하, 조화평균을 찾아봤다.

앞의 그림을 보면 여러 가지 성질들을 관찰만으로 찾을 수 있다. 그런 다양한 성질 중에서 기하평균 하나만 더 찾아보려고 한다. 앞의 그림에서 직각삼각형 AEG를 보자.

3. 선분 EG의 길이는 b-a = $x_2 - x_1$ 이다.
  이유) 선분 EG의 길이 = 선분 AL - 선분 KE
4. 선분 AG의 길이는 $2\sqrt{ab}$ 이다.
  이유) 삼각형 AEG에서 피타고라스 정리에 의해,
  $(a+b)^2 - (a-b)^2 = \overline{AG}^2$, 따라서, 선분AG = $2\sqrt{ab}$

3번의 의미는, 직선(일차식)과 포물선(이차식)의 연립방정식인 이차식의 두 근의 차가 b-a가 됨을 의미하고, 4번의 의미는, 두 점(해) A, G의 y좌표의 절댓값의 합이 $2\sqrt{ab}$ 가 됨을 의미한다. 다시 한번 기하평균이 등장했다. 선분 AG의 길이는 $2s$ (s는 파란선)가 됨을 의미한다.

포물선의 성질을 다루다가, 처음에 산술, 기하, 조화평균이 등장하는 것을 봤을 때는[34], '니가 왜 여기서 나오지?'라는 생각이 들었다. 그

---

34) 물론, 이런 성질이 교과서에 나오거나, 학생들이 다루는 교재에서 산술, 기하, 조화평균이라고 등장하는 것을 보지는 못했다.

런데, 이것저것 작도를 하는 과정에서 이차곡선과 함께 자주 등장할
수밖에 없다는 것을 알게 되었다.

아벨로스에 이차곡선, 기하, 조화평균 ✏️

평생을 고등학교 수학만 할 거로 생각했다. 그런데, 연구회 활동을
하다 보니, 중학교 수학도 다루는 경우가 종종 있었다. 중학교 3학년
교과서를 보던 중에, 수열이나 급수 문제에 등장하는 익숙한 도형을
봤다. 아벨로스, 일명 '구두장이의 칼'이었다. 다음 그림처럼 반원 안
에 내접하고 있는 두 반원으로 만들어지는 도형을 말한다.

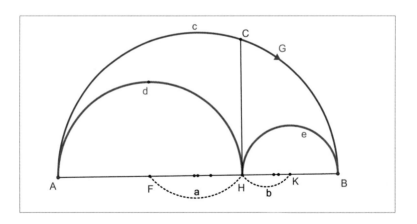

처음 이 도형을 만들었을 때는 내접원 정도만 더 만들어봐야겠다고 생각했다. 학생들에게 소개하기 전에 구글에서 유래나 어원 정도를 검색해보는 습관이 있다. 그래서, 구글에서 아벨로스를 검색해보고, 나오는 성질들이 의외로 많은 것에서 처음 놀랐다. 그리고, 성질과 관련해서 그려진 그림을 보고, 어떻게 그릴 수 있을까를 고민하기 시작했다. 다음 그림을 보자.

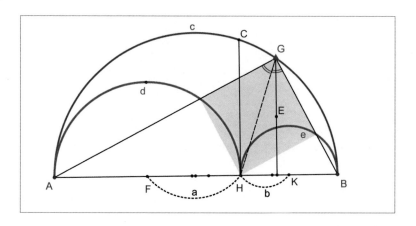

파란색 호 위의 임의의 점 G를 잡고, 직각삼각형을 만든 후, 각 G의 이등분선을 만들어서 지름과의 교점 H를 잡았다. H의 양쪽으로 호를 만듦(빨간색 호)으로써 아벨로스를 작도한 것이다. 그리고 H에서 수선을 올려 호와의 교점 C를 만들었다.

이제 다음 그림을 보자. 위와 같은 방식으로 작도하면 아벨로스를 작도했을 때, 점 G와 점 A, B를 각각 연결해서 호와의 교점을 찾으면, 정사각형(보라색)과 직사각형(초록색)을 찾을 수 있다. 일부 대학의 논술

기출문제로 출제된 것을 보면서, 내가 생각하지 못하고 있던 어떤 새로운 주제영역에 들어선 느낌이 들었다. 본론은 이제부터 시작이다.

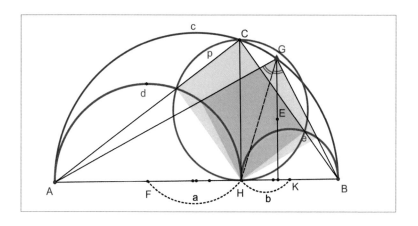

아벨로스의 성질 중에서 다뤄보고 싶은 것이 많지만, 지금 여기서 찾고자 하는 것은 기하평균, 조화평균, 그리고 이차곡선이다.

여기까지 나오는 성질들을 간단하게 정리하고 다음 작업으로 넘어가기로 하자.

① 아벨로스의 넓이는 초록색 원(p)의 넓이와 같다.

② 초록색 원의 반지름은 a, b의 기하평균이다. 즉, $\sqrt{ab}$ 이다.

■ 아벨로스의 넓이 = 초록색 원의 넓이 = $ab\pi$

초록색 원의 넓이가 $ab\pi$라는 표현을 보면, 장축 $2a$, 단축 $2b$ 인 타원의 넓이와 같다는 생각이 든다. 여기까지를 식으로 정리해보면,

앞의 그림에서 삼각형 ABC는 직각삼각형이다. 반원 d, e(빨간색 반원)의 반지름의 길이가 각각 a, b이다. 이때 직각삼각형 ABC에서 높이 CH를 h라 하면,

$$(2a)^2 + h^2 = AC^2, \ (2b)^2 + h^2 = BC^2$$
$$AC^2 + BC^2 = AB^2 \ \text{이므로,}$$
$$4a^2 + 4b^2 + 2h^2 = (2a + 2b)^2$$
$$\therefore 2h^2 = 8ab, \ h = 2\sqrt{ab} \ \text{가 된다.}$$

따라서, 초록색 원(p)의 반지름의 길이는 $\sqrt{ab}$가 됨을 알 수 있다.

이제 다음으로 고민한 것은 다음 그림과 같은 내접원(파란색 원)을 어떻게 그려 넣어야 할지에 관한 문제였다.

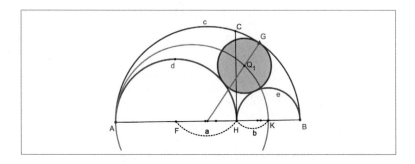

내접원 작도의 핵심은 '원의 중심' 찾기다. 내접원의 중심만 찾을 수 있다면, 반지름은 중심을 연결하고, 접점을 찾는 것으로 간단하게 끝날 수 있다. 이런저런 생각 중에 떠오른 생각이 '파푸스 체인'이다. '파

푸스 체인'을 만들려면 타원이 필요하다. 반원이 아닌 원이라고 생각을 바꾸고, 원 안에 내접하는 원이 있다고 생각했다. 원과 내접원에 동시에 접하는 원을 찾는 것으로 생각을 바꾸니까 해결의 실마리가 보였다. 물론, 구글의 도움[35]을 얻어가면서 많은 것들을 해결할 수 있었다.

다음 그림을 보자. 직선 CF는 반원 c(빨간색 반원)의 중심을 지난다. 그리고, 두 초점이 원의 중심인 F, I이고 점 B를 지나는 타원(주황색 타원)을 만든다. 타원과 직선CF의 교점이 내접원의 중심이 된다.

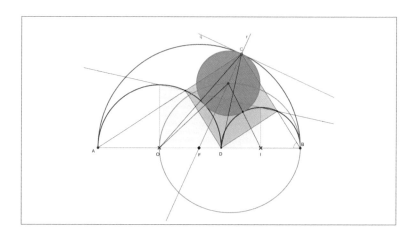

좀 더 구체적으로 다음 그림에서 이유를 찾아보자.

---

35) 특히,
http://math.fau.edu/yiu/Oldwebsites/Geometry2008Spring/2008geometrynotesCh
apter2.pdf

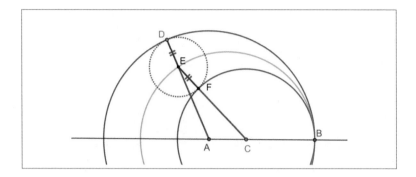

그림에서 보라색 원은 서로 내접하고 있으며, 각각 A, C를 중심으로 하고 있다. 바깥쪽 원의 반지름을 R, 안쪽 내접하는 원의 반지름을 r이라고 하자. 내접원의 중심 E는 이미 타원 위에 놓여있지만, 만약, 내접원의 중심 E를 찾고 싶다면, E가 있다고 가정하고 시작하면 된다. 이때, 변하는 것과 변하지 않는 것은 무엇인지를 찾아야 한다. 여기서 관찰할 수 있는 것은 다음과 같이 정리했다.

'내접원의 반지름 = 선분DE = 선분EF' 임을 기억하자.
　　　　선분AE + 선분EC
　　　= 선분AD + 선분CF
　　　= 바깥쪽 원의 반지름 R + 안쪽 원의 반지름 r
이므로, 두 점 A, C에 이르는 거리의 합이 항상 (R+r)로 일정하다.

해당 사실에서 두 점 A, C를 초점으로 하는 타원 위에 내접원의 중심이 놓여있다는 것을 알 수 있다.

여기까지 어렵게 왔는데, 여기서 얘기하고 싶은 것은 따로 있다. 아벨로스의 성질을 다루려고 하는 게 아니라, 아벨로스의 내접원의 중심을 찾는 과정에 타원이 필요했다는 부분이다. 아벨로스에는 더 다양한 성질들이 나오는데, 이 성질들이 원, 타원, 포물선으로 해결할 수 있고, 아직 나오지 않은 조화평균이 필요하다는 것에서 더 흥미가 끌렸다.

다음 그림의 빨간 색 원 2개를 아폴로니우스의 쌍둥이 원이라고 한다.

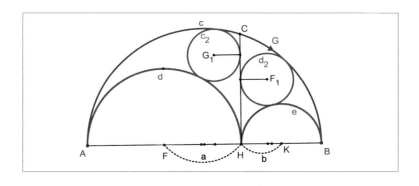

쌍둥이 원을 작도하는 방법도 이전의 방법과 같은 방법을 사용하면 된다. 두 원에 동시에 내접하는 원을 찾으면 되는데, 다만, 선분 CH가 또 다른 고민거리가 된다. 이번에는 세 원에 내접하는 원이 아니라, 두 원과 선분 CH에 내접하는 원을 만들어야 한다. 이 부분을 해결하는 과정에서 아폴로니우스의 쌍둥이 원에 관한 공부도 필요했고, 반지름을 어떻게 구해야 할지 생각이 나질 않아서, 구글에서 도움을 받았다. 그리고, 교육과정평가원에 계시는 지인의 도움으로 다음과 같은 방식에 대한 도움을 받을 수 있었다.

우선, 쌍둥이 원을 작도하기 위해서 원의 반지름을 구하는 과정이 필요했다. 다음 그림의 사다리꼴을 주목해서 보자.

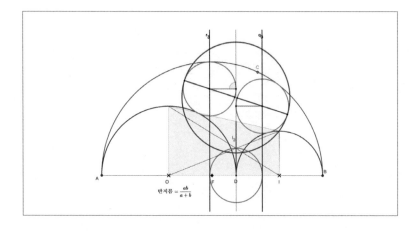

산술, 기하, 조화평균 편에서 이미 봤던 그림이다. 사다리꼴 내부의
초록색 선분이 조화평균이 될 거라는 생각을 할 수 있다. 두 내접원(파
란색 원)의 반지름의 길이가 a, b이기 때문에, 초록색 선분의 길이는
$\dfrac{2ab}{a+b}$이고, 그 절반의 길이를 갖는 쌍둥이원의 반지름은 $\dfrac{ab}{a+b}$가 된
다. 그래서, 해당 그림처럼 점 D(파란색 원의 교점)를 중심으로 하고, 반
지름이 $\dfrac{ab}{a+b}$인 원(분홍색 원)을 작도하고, 양 끝점에서 수직인 접선
r_3, q_3를 만들었다. 아폴로니우스의 쌍둥이 원의 중심은 두 접선 위의
어딘가에 놓이게 된다. 이제 쌍둥이 원의 중심을 찾는 방법 세 가지를
소개한다.

① 원을 이용한 작도 방법

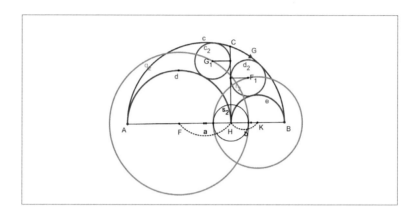

두 점 F, K를 중심으로 하고 원 s_2와 선분 AB가 만나는 교점을 지나는 원을 작도하는 방법이다.

② 타원을 이용한 작도 방법

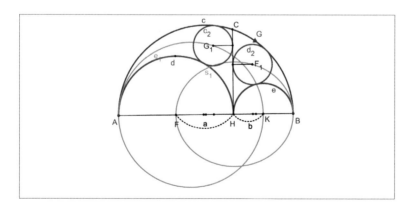

원의 중심을 초점으로 하고, 두 점 A, B를 지나는 타원 2개를 각각 그려서 쌍둥이 원의 중심을 찾을 수 있다. 이미 소개한 방법이다.

③ 포물선을 이용한 작도 방법

마지막 방법은, 원의 중심 F, K를 초점으로 하고, 꼭짓점이 H인 포물선을 작도해서 만드는 방식이다.

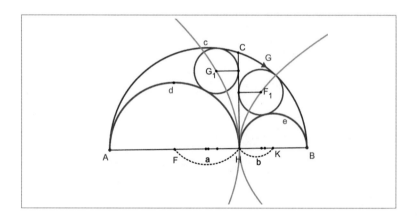

이 세 가지 방식을 알게 된 후, 이차곡선의 매력에 더 빠져들었다. 이차곡선을 이용해서 다양한 방식으로 내접원의 중심을 찾아보면서, 각각의 곡선이 가지는 특성을 이해하는 데 도움이 되기도 했다.

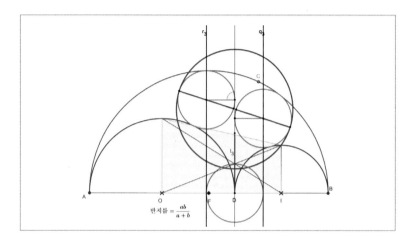

해당 그림에서 아르키메데스의 쌍둥이 원으로 지름을 만든 보라색 원은 다시 아벨로스의 넓이와 같다.

산술평균, 기하평균, 조화평균이 이런 방식으로 다른 도형의 작도에 등장하거나, 다른 작도를 위해서 필요한 경우가 종종 있다.

이 작도 방법에는 반드시 반지름의 길이가 $\dfrac{ab}{a+b}$ 임을 알아야 작도할 수 있었다. 하지만, 위에서 소개한 작도 방법을 이해하고 있다면, 쌍둥이 원의 반지름의 길이를 알 필요는 없다는 사실을 알 수 있다. 예를 들어, 아르키메데스의 쌍둥이 원을 작도하는 세 가지 방법 중에서, 타원과 포물선을 이용하여 교점을 찾으면 조화평균임을 이용할 필요는 없어진다.

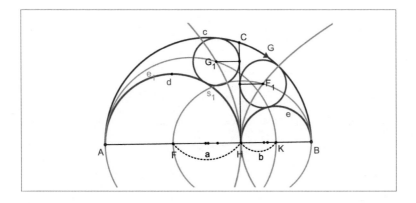

이렇게 작도 속에서 이차곡선을 활용하거나 기하평균, 조화평균이 들어간 사례를 관찰해봤다. 작도는 할수록 재밌고, 설레게 하는 손맛이 있다. 작도 놀이를 하다 보면, 이차곡선이 자주 등장할 수밖에 없는 이유가 있다는 것을 깨닫는다. 점과 점에 관련된 작도는 선이 필요하지만, 점과 선, 선과 선, 곡선과 선, 곡선과 곡선의 관계를 정리하는데 필요한 곡선이 이차곡선이라는 것을 이해하게 된다.

이제, 우리에게 가장 익숙하고, 학교를 졸업한 모든 사람이 기억하는 공식, 피타고라스의 정리로 가서, 기하평균, 조화평균을 찾아보기로 하자.

피타고라스의 정리 속 조화평균

피타고라스의 정리는 직각삼각형의 세 변의 관계에 관한 정리로 중학교에서 $a^2 + b^2 = c^2$이라는 식 자체를 피타고라스의 정리라고 알고 있는 학생이 많다. 그 정도로 워낙 유명하다. 하지만, 배움이 여기서 멈춰있는 것은 아쉽다. 주입식 교육 세대인 내가 할 말은 아니겠지만, 중학교 1학년 때, 스스로 집합의 어떤 법칙을 발견했다고 좋아했다가, 다음 수학 수업 시간에서 드모르간의 법칙을 배웠을 때의 허무함이 잊히지 않는다. 피타고라스의 정리에서 페르마와 같은 위대한 수학자만이 n거듭제곱으로 바꿔보려고 시도하지는 않았을 거라는 생각이 든다. 평범한 사람들도 얼마든지 생각을 열고, 다른 관점을 볼 수 있다면, 수학을 즐길 수 있지 않을까를 잠시 생각해봤다. 피타고라스 정리에서 높이에 관심을 가진 누군가의 자취를 따라가 보자.

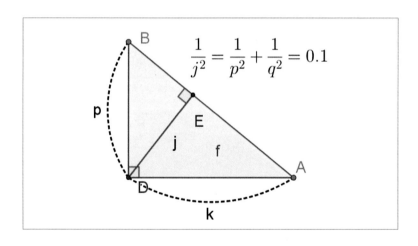

$$\frac{1}{j^2} = \frac{1}{p^2} + \frac{1}{q^2} = 0.1$$

선분 AB의 길이는 n이고, 선분 j(파란 선분)는 높이에 해당한다. 삼각형의 넓이 구하는 식은 $\frac{1}{2}nj = \frac{1}{2}pk$이다.

따라서, $j=\dfrac{pk}{n}$ 이고, 피타고라스의 정리에 의해

$$n^2 = p^2 + k^2 \text{ 이므로, } \frac{(pk)^2}{j^2} = p^2 + k^2$$

이 성립한다. 이 식의 양변을 $(pk)^2$ 으로 나누면,

$$\frac{1}{j^2} = \frac{1}{p^2} + \frac{1}{k^2}$$

이 된다. 따라서,

$$2j^2 = \frac{2p^2k^2}{p^2 + k^2} \text{ (조화평균)}$$

이 됨을 알 수 있다.

여기까지는 이해한 상태에서, 한 가지 더 해보고 싶은 작업이 있다. 지금부터는 3차원 공간좌표로 바꿔서 생각하자.

점 D에서 평면 ABD에 수직으로 수선을 올리고 사면체를 만든 다음 그림을 보자. 내 관심은 3차원에서도 평면에서 성립했던 생각이 그 대로 확장될 수 있는지를 확인해보고 싶은 것이다. 그래서 사면체 내부에 평면 n(파란색 면)을 만들고, 평면에서 성립하는 것을 공간으로 그

대로 확장해서 생각해보려고 한다.

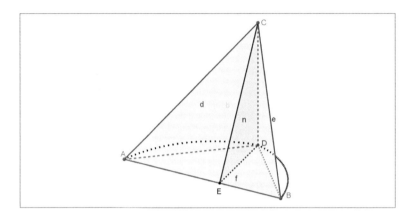

면 ADC, ABD, BCD를 차례로 d, f, e라고 하고, 면 ABC를 b라고 하면,

$$d^2 + f^2 + e^2 = b^2$$

이 성립한다. 또한,

$$\frac{1}{n^2} = \frac{1}{d^2} + \frac{1}{e^2}$$

이 성립한다[36]. 공간에서도 평면에서 성립했던 성질이 그대로 옮겨왔다.

---

36) 이 책은 성질을 알려주거나, 증명을 목적으로 하지 않는다. 교과서에 나오는 내용을 통해서 아이디어를 얻거나, 생각했던 경험을 공유하고 의미에 관한 이야기를 나눠보고 싶은 것이다.

혹시 다른 성질을 더 발견할 수 있지 않을까? 가령, 평면에서 내접원의 반지름 r을 구하기 위해서,

$$r = \frac{2 \times 삼각형의\ 넓이}{삼각형의\ 둘레}$$

라는 평면에서 성립하는 식을 이용하는데, 공간으로 가져가 보는 생각을 해볼 수 있지 않을까? 우선, 공간으로 확장했을 때, 직관적으로만 생각해 보면,

$$R = \frac{3 \times 부피}{겉넓이}$$

가 되지 않을까?라는 막연한 생각이 든다. 내접구의 반지름을 구하기 위해서는 내접구가 있다고 가정하고, 사면체를 4등분한 부피의 합이 사면체 전체의 부피가 된다는 것을 이용하면 된다.

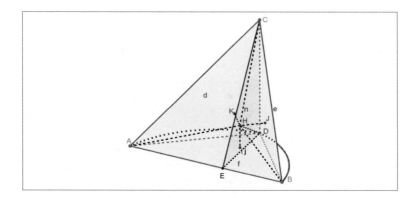

앞의 그림에서 H가 내접구의 중심이라면, 다음과 같이 성립한다.

$$\frac{1}{3}R \times 면ABD + \frac{1}{3}R \times 면BCD + \frac{1}{3}R \times 면ADC + \frac{1}{3}R \times 면ABC$$

$$= \text{사면체의 부피}$$

따라서, $R = \dfrac{3 \times 부피}{겉넓이}$ 이다.

이제, 여기서 구한 반지름을 이용해서 내접구를 작도한 다음 그림으로 확인해보자.

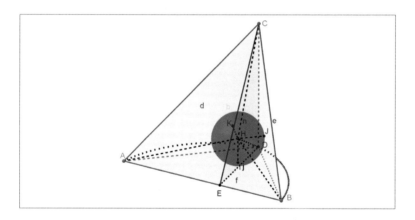

이런 과정을 거쳐 만들어진 해당 그림은, 기하에서 자주 등장하고 다루는 문제 상황 중 하나다. 컴퓨터로 수학을 다루는 수학 동아리 학생은 이 그림을 직접 만들어보는 활동을 한다.

컴퓨터로 학교 수학을 다루다 보면 교육과정의 선을 넘나들 때가

종종 있다. 예를 들어, 평면에서의 무게중심이 가지는 대표 성질인 무
게중심이 무게중심선을 2:1로 내분한다는 성질이 공간으로 확장되면
3:1로 바뀐다는 것은 교육과정 내에서 다루지 않는다. 하지만, 컴퓨터
를 통해 수학을 배우는 수학동아리 학생들이 이런 작도 경험을 갖기
도 한다. 앞의 그림 상황에 연결되기 때문이다. 일부 이 사실을 알고
있는 학생은 삼각뿔이나 사각뿔에서 이것을 이용해서 쉽게 문제를 해
결할 수 있다. 마치 무적의 '로피탈 정리'에 대한 논쟁처럼 알고 있는
사람만 최고일까? 로피탈의 정리도 학교에서 배우지 않음에도 학생들
은 당연하게 사용한다. 사용하지 않는 학생만 억울할 따름이다. 이 문
제에 대해 생각해본 적이 있다. 그래서 내린 내 결론은 '독서'다. 우리
가 독서를 해서 얻는 경험은 교육과정과 상관없이 이뤄진다. 내가 존
경하는 교수님의 책『수학 비타민』이나『수학N』이라는 책은 고등학
생이라면 거의 누구나 알고 있고, 많은 학생이 읽었다. 여기 나오는
내용은 학생들이 교육과정과 상관없이 수학을 생각하고 경험하도록
한다. 교육과정이 학생의 사고에 울타리가 되지 않도록 하는 정도라
면, 울타리 밖의 세상을 경험할 수 있도록 생각을 열어주는 경험을 제
공하는 데 동의해본다.

제 **7** 장

×

이차곡선

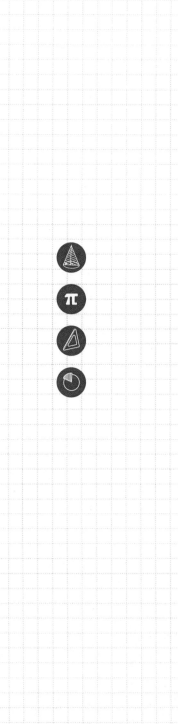

이차곡선 지도는 대수적 접근과 기하적 접근이 동시에 고려되어야 한다. GeoGebra를 활용한 역동적인 시각적 표상에 기반한 이차곡선 지도 방안(양성현·강옥기, 2011)[37]에는 다음과 같이 역동적인 시각적 표상에 기반한 이차곡선 지도에 관한 제언이 있다.

> 첫째, 이차곡선에 대한 역동적인 시각적 표상은 학생들에게 수학적 개념을 이해하는 비계의 역할을 넘어 수학에 대한 심미성과 실용성을 증대시킬 수 있다.
> (중략)
> 셋째, GeoGebra를 활용한 시각적 표상은 학생들로 하여금 수학 외적·내적 연결성을 증진시킬 것이다. GeoGebra를 활용하여 현실 세계를 시뮬레이션함으로써 학생들에게 수학의 실용성을 증대시켜 수학 외적 연결성을 깨닫게 할 수 있으며 대수적으로 국한되어 있는 지도의 영역에 기하적인 요소를 가미함으로써 수학 내적 연결성을 증대시켜 학생들의 다면적 이해를 촉진함과 더불어 학생 스스로 연결적 사고를 할 수 있게 도와준다.

37) 양성현·강옥기, 「GeoGebra를 활용한 역동적인 시각적 표상에 기반한 이차곡선 지도 방안」, 대한수학교육학회지:『학교수학』, 제13권 제3호, 2011, p463-465.

    지오지브라를 활용한 이차곡선의 지도는 학생에게 경험적 유용성을 증대시키고, 사고를 확장한다. 특히, 증명과 관련된 부분에 지오지브라를 활용하면 효과적이다. 이차곡선에는 교과서에 나오는 성질만 30개가 넘는다. 학생들이 가장 어려워하는 부분이 성질에 관한 증명이다. 이차곡선 지도에서 제일 오래 걸리고 어려운 부분이 증명이다. 전부 증명하려고 하면, 교사나 수업시수의 문제가 아니라 학생들이 지쳐버린다. 하지만, 내 생각에는 성질에 관한 이해를 위해서 증명을 미리 해야 할 필요는 없다. 증명은 이해를 위해서가 아니라, 확신을 위해서 하는 것이고, 이를 기반으로 일반화와 지식을 쉽게 확장시킬 수 있도록 도와준다. 나는 증명이 가져오는 이점이 많이 있음에도 불구하고, 성질에 대한 증명을 뒤로 미뤘다. 우선 성질을 충분히 탐색하고 경험시킨 후에 증명한다. 발견의 과정을 생각해보기도 한다.

    다음은 쌍곡선 성질과 관련한 문제다.

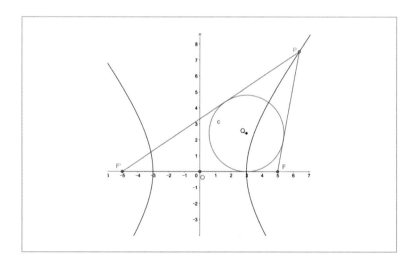

문제에서 쌍곡선 $\dfrac{x^2}{9} - \dfrac{y^2}{16} = 1$ 위의 점 P에서 초점 F, F'에 연결한 두 선분과 초점F, F'을 이은 선분으로 둘러싸인 삼각형을 만들었다. 삼각형 안에 내접하는 원 c는 반지름이 3이고, 중심이 Q일 때, $\overline{OQ}^2$을 구하는 문제다. 이 문제의 목표는 Q의 좌표다. 이 문제를 보기 전에 학생이 쌍곡선의 성질을 알고 있었다면 어땠을까? 앞의 그림 상황에서 알려진 성질을 정리하면 다음과 같다.

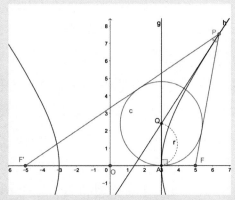

① 쌍곡선 위의 점 P에서 그은 접선은 각FPF'의 이등분선이 된다.
② 내접원의 중심 Q의 x좌표와 쌍곡선의 꼭짓점 A의 x좌표는 일치한다.
③ 내심의 정의에 의해 접선은 점 Q를 지난다.
④ 각의 이등분선의 성질에 의해 $\overline{PF'} : \overline{PF} = \overline{OF'} : \overline{OF}$이다.

이 성질을 알고 있는 학생은 $\overline{OQ}^2 = \overline{OA}^2 + r^2 = 3^2 + 3^2$으로 쉽게 구할 수 있다. 이 성질을 모르는 학생만 억울한 상황이다. 그러면 이 성질을 배우는 과정이 얼마나 힘들었는지를 생각해봐야 한다. 이 성질을 배우는 과정이 고되고 힘들어서 아무나 함부로 못 하는 상황이라서, 이것을 극복한 학생들이 쉬운 풀이를 하는 거라면 인정할 수도 있다.

하지만, 이 성질을 학습하는 과정도 간단하다. 지오지브라에서 앞의 그림 상황을 열고, 접점 P를 움직여보면서, 변하는 것과 변하지 않는 것을 관찰해보면, 쉽게 이해할 수 있다. 그리고, 이 경험은 공식처럼 암기하지 않아도 된다.

여기에서 증명 없이 성질을 이용하는 부분에서 불편해하지는 않았으면 좋겠다. 증명은 학생의 사고에 확신을 주고, 지식을 확장하는 좋은 도구이기에 필요하다. 하지만, 증명의 시점을 꼭 '성질을 아는 순간일 필요가 있을까?'를 생각했다. 예를 들어, 파푸스의 중선 정리를 벡터를 이용해서 증명했다고 가정하자. 증명을 통해 얻은 경험이 다른 지식과 연결하고 확장하는 데 도움이 된다. 하지만, 문제를 풀 때마다, 증명을 떠올리지는 않는다.[38] 오히려, 지오지브라를 활용해서 포물선, 타원, 쌍곡선을 만들고, 접점과 접선에 의해 만들어지는 다양한 성질을 학생 스스로 발견할 수도 있고, 탐구할 수 있다는 이점을 주목하고 싶다. 수학자가 아니어도 지오지브라를 이용해서 교과서에 나오지 않은 새로운 성질을 찾아낼 수 있다(물론, 새롭게 발견한 성질은 없다). 게다가, 지오지브라의 작도를 통한 학습은 공식처럼 외우지 않아

---

[38] 이 부분은 수학 교사인 내가 문장으로 담기에 어렵다. 증명을 이해한 학생은 문제 상황에 응용력과 확장력이 좋다. 여기서 이야기하고 싶은 것은, 앞서 다룬 $e^{i\pi}+1=0$ 수식처럼, 고등학교 수준에서 증명이 어려운 내용을 증명한 후에야 써먹고 이해할 것인가, 아니면, 증명은 잠시 미루고, 성질을 직관적으로 이해해서 여러 상황에 적용해보는 귀납적 추론으로 접근할 것인가를 이야기하고 싶었다.

도 학생의 머릿속에 또렷하게 남는다는 점도 이점이다.

이제부터는 포물선, 타원, 쌍곡선에서 다뤄볼 수 있는 성질의 예시를 보기로 하자. 동적인 상황에서 관찰했을 때 바로 관찰되는 성질 몇 가지를 적어봤다.

포물선

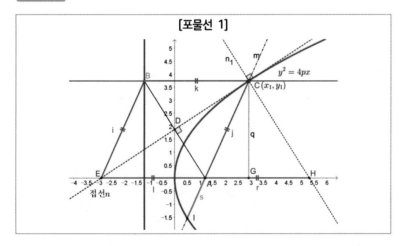

[포물선 1]

$y^2 = 4px$

$C(x_1, y_1)$

접선n

포물선에서 사각형 ACBE가 마름모라는 성질과 관련해서 관찰되는 요소는 10여 종류가 넘는다.

① 사각형 ACBE는 마름모다.

② |접점 C의 x좌표| = |접선의 x절편|

③ 점 D의 y좌표 = $\dfrac{y_1}{2}$

④ 점 A의 x좌표(초점) = $\dfrac{s\,j}{s+j}$

⑤ 선분 AC의 길이 = $x_1 + p$

 이와 같은 성질은 점 C를 움직이면서 관찰하는 것으로 간단하게 확인해볼 수 있다.

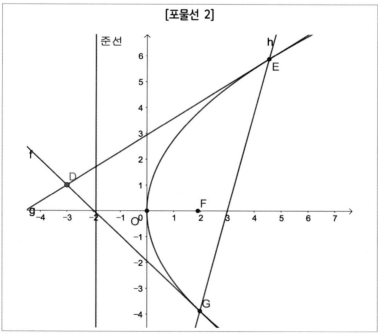

[포물선 2]

* 포물선의 식은 $y^2 = 4px$

포물선 밖의 한 점 $D(x_3, \ y_3)$에서 포물선에 그은 두 접선과 포물선의 교점 E, G를 지나는 직선의 방정식은,

$$y_3 y = 2p(x + x_3)$$

[포물선 3]

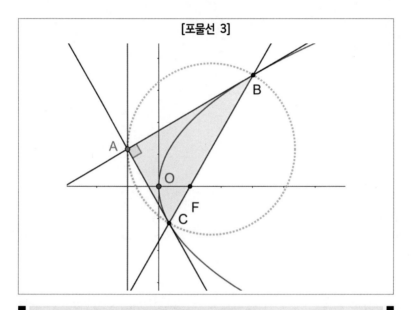

준선 위의 임의의 점 A에서 포물선에 그은 두 접선이 포물선과 만나는 두 점 B, C에 대해,

① 삼각형 ABC는 각 A가 90도인 직각삼각형이다.
② 선분 BC를 지름으로 하는 원은 점 A를 지난다.
③ 준선 위의 임의의 점 A에서 포물선에 그은 두 접선은 수직이다.
⑤ 초점 F는 B, C를 지나는 직선 위에 있다.

타원 ✏️

타원의 기본형 $\dfrac{x^2}{a^2} + \dfrac{y^2}{b^2} = 1$에 대해서, 다음과 같은 성질을 확인할 수 있다.

[타원1]

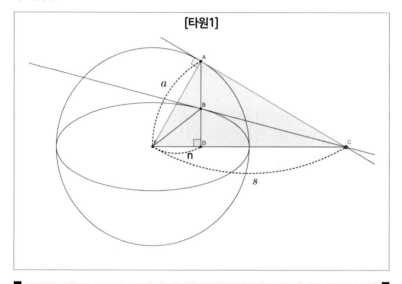

타원과 원이 중심을 공유하고, 원의 지름이 장축인 타원이 위 그림처럼 놓여 있다.

① 타원 장축의 연장선 위의 임의의 점 C에서 원과 타원에 그은 두 접선의 접점 A, B의 x좌표는 D로 같다.

② ①번에 의해, $a^2 = n \times s$가 성립한다.

[타원 2]

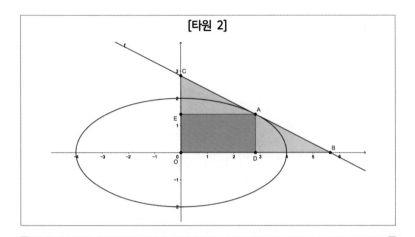

임의의 접점 A에서의 접선에 대해,

① 최소가 되는 삼각형 OBC의 넓이$=ab$

② 최대가 되는 사각형 ODAE의 넓이$=\dfrac{1}{2}ab$

③ 삼각형 OBC의 넓이 × 사각형 ODAE의 넓이$=\dfrac{1}{2}a^2 \cdot b^2$

[타원 3]

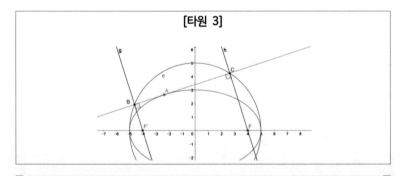

① 초점 F, F′에서 임의의 접선 위에 내린 수선의 발은 원 $x^2 + y^2 = a^2$ 위에 있다.

② 선분 BF′ × 선분 CF = b^2 (일정)

[타원 4]

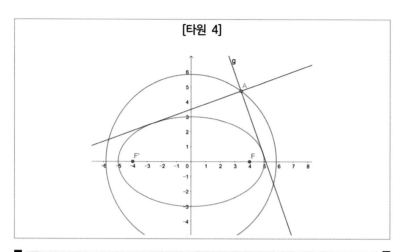

원 $x^2 + y^2 = a^2 + b^2$ 위의 임의의 점에서 타원에 그은 두 접선은 서로 수직이다.

[타원 5]

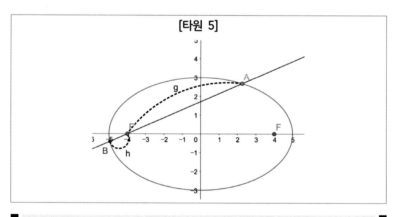

초점을 지나는 직선이 타원과 만나는 두 점 A, B에 의해 만들어진 두 선분 g, h에 대해,

$$\frac{1}{g} + \frac{1}{h} = \frac{2a}{b^2} \text{ (일정)}$$

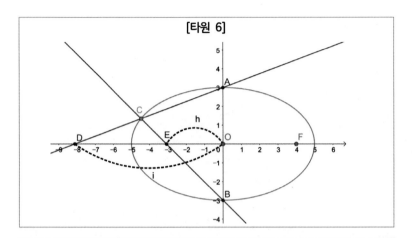

[타원 6]

타원 위의 임의의 점 C에서 단축 위의 꼭지점 A, B에 그은 직선의 x절편이 D, E이다.

$$h \times i = a^2 \text{ (일정)}$$

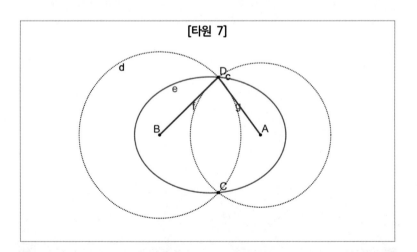

[타원 7]

두 점 A, B로부터 거리의 합이 일정한 점 D의 자취는 타원이 된다.

쌍곡선 ✏️

쌍곡선의 기본형 $\dfrac{x^2}{a^2} - \dfrac{y^2}{b^2} = 1$에 대해, 다음과 같다.

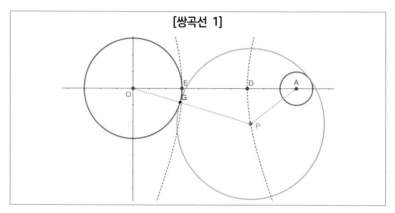

[쌍곡선 1]

각각 O와 A를 중심으로 하는 두 원 C, C'이 있다. C에 외접하고, C'에 내접하는 원의 중심 P의 자취는 쌍곡선 위에 놓인다.

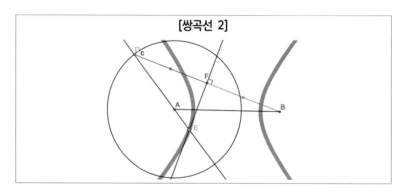

[쌍곡선 2]

선분 AB가 있고, 점 A를 중심으로 하는 원이 놓여 있다. 원 위의 동점 D에 대해, 직선 DA와 선분 BD의 수직이등분선의 교점 E의 자취는 쌍곡선이 된다.

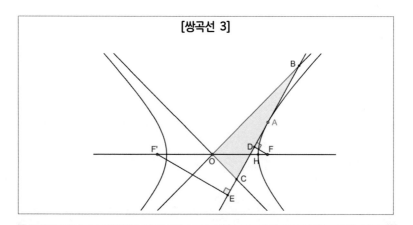

[쌍곡선 3]

쌍곡선 $\dfrac{x^2}{a^2} - \dfrac{y^2}{b^2} = 1$ 위의 임의의 점 A에서의 접선 l이 두 점근선과 만나는
교점 B, C가 그림과 같이 놓여 있다.
① 삼각형 OCB의 넓이는 ab로 일정하다.
② 초점 F, F'에서 접선 l에 내린 수선에 대해,
   선분 F'E × 선분 FD = 선분 HF × 선분 HF'으로 일정하다.

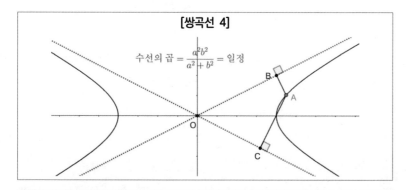

[쌍곡선 4]

$$수선의 곱 = \dfrac{a^2 b^2}{a^2 + b^2} = 일정$$

쌍곡선 위의 임의의 점 A에서 점근선에 내린 두 수선의 길이의 곱은
$\dfrac{a^2 b^2}{a^2 + b^2}$으로 일정하다.

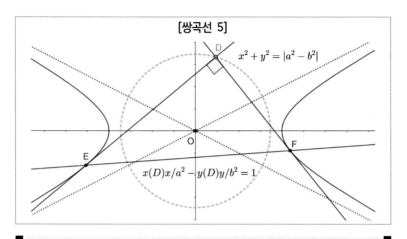

[쌍곡선 5]

$x^2 + y^2 = |a^2 - b^2|$

$x(D)x/a^2 - y(D)y/b^2 = 1$

① 원 $x^2 + y^2 = |a^2 - b^2|$ 위의 임의의 점에서 쌍곡선에 그은 두 접선은 수직이다.

② 쌍곡선 밖의 한 점 $D(x_3, y_3)$에서 쌍곡선에 그은 두 접선이 쌍곡선과 만나는 두 점 E, F를 지나는 직선의 방정식은 $\dfrac{x_3 x}{a^2} - \dfrac{y_3 y}{b^2} = 1$이다.

이렇게 해서, 이차곡선에서 동적으로 확인 가능한 성질 몇 가지를 예시로 들어봤다. 여기서는 어떤 활동을 했는지만 소개하고, 증명하지는 않았다. 이 책이 어떤 성질을 보이고 증명하는 책이 아니기 때문이지만, 실제로 학습할 때에는 증명해주는 것이 좋다. 이런 성질을 알아보고 증명하는 활동은 수학동아리 시간에 하기에 좋은 활동이었다. 학생들이 신기해하고 좋아한 점은, 분명히 점과 선에 의해 도형의 모양이 변하는데, 그 속에서 변하지 않는 것이 있고, 이것을 스스로 찾을 수 있다는 점이다. 그리고 우리가 해줘야 할 것 같은 증명을 스스로 도전하는 학생을 운 좋게 볼 수도 있다. 이 지점이 나의 고민인 부분이기도 하다.

내 목적은 이런 성질을 학생들에게 알려주는 것이 아니었다. 수학이라는 학문의 가치 중 하나인, 변하는 상황 속에서도 변하지 않는 진리를 찾는 학문이라는 것을 느끼게 해주고 싶었다. 스스로 발견하고, 자신의 이름을 딴 성질을 만들어내는 기쁨을 주고 싶었다. 하지만, 내 수업 연출력이 모자란 탓에 뜻대로 되지 않았다. 학생들은 단편적 지식 섭취에 익숙해 있다. 핸드폰 화면 하나에 들어오는 짤막한 글이나 이미지에 익숙하다. 일종의 패스트푸드라고 할 수 있는 쉽고 빠르게 섭취할 수 있는 지식을 좋아한다. 하지만, 수학은 슬로우푸드의 일종이다. 천천히 음미하고 생각하고, 반성해야 성장이 이뤄진다. 학생들은 결과를 빨리 알고 싶어 하고, 문제에 적용되는 결론만을 섭취하고 싶어 한다. 증명을 피하는 학생이 많고, 이유를 궁금해하는 학생이 줄었다. 많은 학생이 수학 자체를 좋아하지 않는다. 나도 한몫을 하는 것 같아 씁쓸한 생각이 들 때가 많다.

제 **8** 장

×

코딩

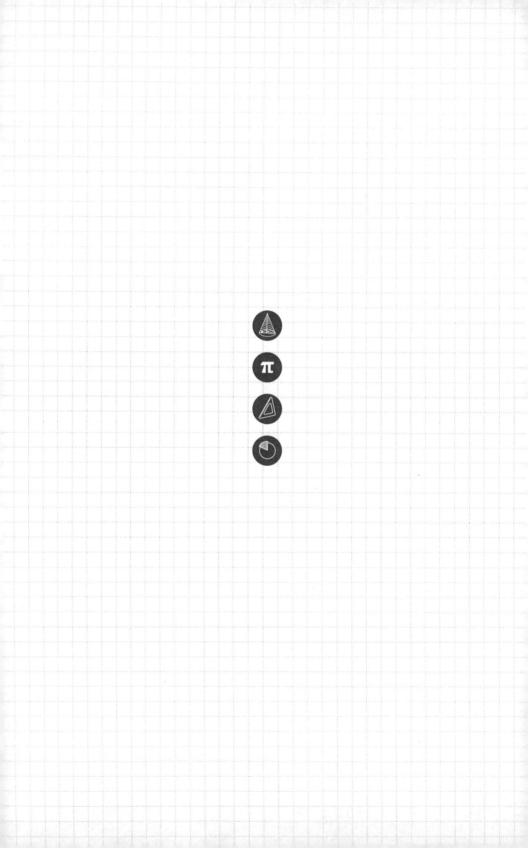

여기 나오는 내용은 모두 다른 사람의 아이디어거나, 이미 만들어진 내용을 따라한 것에 불과하다. 이 장에서 이야기하려고 하는 것은 파이썬으로 만들어보거나, 수학 시간에 학생과 함께 다뤄볼 만한 주제를 찾는 과정에서 공부했던 코딩에 관한 생각이다. 특히, 『모두의 알고리즘 with 파이썬』(이승찬 저)과 『점프 투 파이썬』(박응용 저), 『파이썬 코딩도장』(남재윤 저)의 도움을 많이 받았다.[39] 『점프 투 파이썬』이나 『파이썬 코딩도장』은 무료로 책을 공개하고, 유튜브에서 동영상 강의를 제공하고 있다.

내가 파이썬이나 코딩에 관심을 두고 학습한 시간은 짧다. 파이썬에 관심을 가진 이유는 수학과 관련이 있다고 생각하는 코딩을 직접 공부해 보고 싶어서였다. 그리고, 코딩이 수학과 밀접하다는 이야기를 막연하게 학생에게 말하고 싶지 않아서였다. 이미 네이버의 엔트리나 알지오매스의 블록 코딩이 들어온 지 꽤 됐지만, 수학 시간에 써먹을 마땅한 방법이 떠오르지 않았다. 다만, 어쩌다 한 번 하는 수준이었

---

39) 『모두의 데이터분석 with 파이썬』(송석리·이현아), 『모두의 파이썬』(이승찬)도 추천한다.

다. 이것이 내가 파이썬을 배우게 된 결정적인 계기다. 이 장에서는 코딩이 수학 수업에 어떻게 들어와야 할지에 대한 내 생각을 이야기 하려고 한다.

자연수의 합 ✏

수학 시간에 1부터 n까지의 자연수의 합은 $\dfrac{n(n+1)}{2}$로 구한다. 컴퓨터는 1부터 차례로 하나씩 더해가는 방식을 사용할 수 있다.

코딩
```
s=0
x=1
while x<=10:
    s=s+x
    print("x:",x,"sum:",s)
    x=x+1
```

실행결과
```
x:  1 sum:  1
x:  2 sum:  3
......
x:  9 sum:  45
x:  10 sum:  55
```

두 번째 코딩은 sum을 정의하는 방식이다.

```
>>> def sum(n):
    s=0
    for i in range(1,n+1):
        s=s+i
    return s
>>> sum(10)
55
```

이 두 가지 방식은 순차적으로 더해나가는 방식이다. 수학의 알고리즘으로 다음과 같이 '공식'을 넣어주는 방법도 있다.

```
>>> def sum(n):
        return n*(n+1) // 2
>>> sum(10)
55
```

코딩을 배우면서 프로그램 업계에서 종사하는 분께 어깨너머로 배운 바에 의하면, 코딩은 더 빠르고, 짧게 구현할수록 가치가 있다고 한다. 이 가치 있는 프로그램의 구현을 위한 알고리즘 사고에 수학적 사고가 매우 많이 들어간다고 한다. 그리고, 인공지능이 나오면 프로그래머라는 직종이 위기가 될 수 있고, 어차피 함수로 짜여져 있는 틀을 가져다 사용하기만 하면 되는 방식으로 되어 있어서, 현재도 소수의 전문 프로그래머가 프로그램을 짜는 방식으로 의뢰를 주고받는다고 들었다. 이 얘기를 나눈 지 불과 9개월 정도 지난 지금, DPT-3라는 공개 소스 인공지능 개발에 대한 소식을 듣고, 사이트에 접속해봤다. 만약 인공지능이 5년, 또는 10년 이내에 보급형 컴퓨터에 갖춰 나와서, 내가 말하는 것을 마치 번역하듯이 프로그램으로 만들어 준다면, 내가 코딩 공부하는 이 방향성이 맞을지 의문이 들었다.

얼마 전 접한 영국 드라마 〈휴먼스〉의 이야기는 충격이었다. 이 드라마에서 인공지능은 엄마 역할, 스포츠 선수, 의사, 인간이 할 수 있는 거의 모든 영역에서 인간의 능력을 넘어섰다. 정말로 이런 세상이 온다면, 내가 코딩 공부하는 게 소용이 있을까? 이 부분은 코딩 이야기를 조금 더 다룬 후 내 대답을 얘기하려고 한다.

2차 방정식의 해 구하기 ✏️

```python
import math
import sys
print("ax^2 + bx + c = 0")
a=float(input("2차항의 계수 a=?"))[40]
b=float(input("1차항의 계수 b=?"))
c=float(input("상수항 c=?"))
if a == 0:
    print("a=0: 이차방정식이 아님. 종료.")
    sys.exit()
D= b**2 - 4*a*c
```

```
if D >0:
    x1 = (-b + math.sqrt(D))/(2*a)
    x1 = (-b - math.sqrt(D))/(2*a)
if D==0:
    x = -b/(2*a)
    print("1개의 해: ", x)
if D<0:
    print("해가 없음.")
```

여기서는, 판단이 들어가 있다. 코딩에서 "=="는 판단을 의미한다. 여러 가지 판단해야 하는 상황을 설정하고, 각 상황에 따라 컴퓨터가 할 일을 정해주는 것이다. 컴퓨터가 생각하는 방식을 판단문을 통해 조금 이해할 수 있다.

확률을 이용한 넓이 ✏️

단위 사각형 안에 내접하는 원이 있을 때(다음 그림 참고), 단위 사각형 안에 임의로 찍히는 점 중에서 원의 내부에 찍히는 비율을 계산하는 코딩이다. 즉, π의 값을 근사적으로 추측할 수 있다.

---

40) input은 사용자로부터 값을 입력받는 명령어이고, 이렇게 입력받은 값은 컴퓨터에 숫자를 넣더라도 실수가 아니라, 문자로 인식한다. 그래서 float라는 명령어를 사용해서 실수로 바꿔줘야 한다.

```
import random
n=1000
r=0
for i in range(n):
    x=random.random()41)
    y=random.random()
    if x*x + y*y <=1.0:   42)
        r=r+1
print('4를 곱해서 pi값 확인:',(r/n)*4)
```

랜덤 함수를 사용함으로써, 단위 사각형 안에 임의로 점이 놓이게 된다.

컴퓨터가 임의의 상황에 대해 내리는 결정은 결국 확률적 판단이라고도 할 수 있다. 이 정도 코딩을 배웠을 때쯤부터 컴퓨터의 사고와 인간의 사고의 차이를 이해하기 시작했다. 컴퓨터도 경험으로 학습하고 판단할 수 있다. 또한, 새로운 상황에 관해서도 확률적인 판단은 내릴 수 있다. 하지만, 내가 생각하는 인간과 컴퓨터의 결정적 차이는 '감정과 결부된 판단이냐, 아니냐'의 여부다. 예를 들어, 앞에서 갑자기 자전거가 다가오면, 컴퓨터의 사고는 위험에 따라 피하는 행동을 취하겠지만, 인간은 '놀람'이라는 감정과 함께, 회피 행동을 한다. 컴퓨터도 감정이라는 것을 교육할 수는 있지만, 컴퓨터가 갖는 감정은 학습에 의존한다. 피부를 꼬집었을 때, 인간은 통증을 느끼고, 위협을 느끼며, 통증에서 벗어나려고 하지만, 컴퓨터가 통증을 느끼려면 감각이라는

---

41) 0부터 1사이의 임의의 실수값.
42) 단위원 안에 점이 찍힌다면, r을 1 증가시킨다.

기계장치와 감도라는 확률적 판단 도구, 코딩 언어에 의한 학습 기능에 의해 조절되는 통증일 것이다. 즉, 컴퓨터는 일종의 기능을 갖추는 것일 뿐이다. 인간처럼 하나의 세포에 전달되는 통증이 온 신경으로 연결되어 심장과 머리가 함께 생각하는 정신의 세계에 도달하지는 않았다는 점에서 위안으로 삼는다.

만약, 인간의 정신과 동일한 두뇌와 감정을 느낄 수 있는 인공지능 로봇을 만든 사람이 있다면, 이것을 증명하는 일은 의외로 간단할지도 모른다. 이 로봇이 스트레스로 정신과 치료를 받거나, 깜깜한 밤에 혼자 운전하다가 귀신을 보고 놀라거나, 여름 휴가를 떠올리며 혼자 미소를 짓거나, 갖고 싶은 물건이 있어서 밤잠을 설치는 것, 이런 행동이 매우 인간적이지 않을까? 얼마 전, 이세돌과 바둑 대전으로 유명했던 알파고는 이세돌에게 졌을 때, 스트레스를 받거나, 다음에 이기기 위해 밤잠을 설쳐가며 연습을 하지는 않았을 것 같다. 2018년에는 '알파고 제로'라는 빅데이터 학습이 필요없고, 스스로 빅데이터를 구축하는 인공지능 바둑 프로그램이 등장했다. 영국 드라마 〈휴먼스〉가 보여준 미래가 머지않았다는 생각이 든다. 인공지능 로봇이 인간의 일자리를 대체하는 고민보다 필요한 것이, 휴먼스 드라마처럼, 감정을 가진 인공지능 로봇과 인간이 공존하는 시대에 대한 고민이 더 필요하지 않을까를 생각해봤다.

하트 그리기 ✏️

```
import turtle as t⁴³⁾
t.bgcolor("black")⁴⁴⁾
import math as m
t.color("red")⁴⁵⁾
t.begin_fill()⁴⁶⁾
for x in range(100):
    h=m.pi * x / 50
    x = 140* m.sin(h)**3
    y=110*m.cos(h)-45*m.cos(2*h)-15*m.cos(3*h)-10*m.cos(4*h)
    t.goto(x,y)
t.end_fill()
```

일종의 '사랑' 함수다. 이런 그림은 다른 활동과 다르게 학생들의 감

---

43) 일종의 '붓' 또는 '펜' 도구로써 거북이를 사용한다.
44) 배경색을 지정한다.
45) 거북이가 그리는 색을 지정한다.
46) 거북이가 그린 영역을 색으로 채운다.

성을 건드리나 보다. 학생들이 좋아하는 편이다.

종이접기 시키면 짜증 내는 학생들이 많았는데, 이런 활동은 싫어하는 학생이 없다. 지오지브라나 알지오매스 블록 코딩으로도 만들 수 있다.

다음 그림 두 종류는 지오지브라에서 만든 하트다.

(140sin³(h), 110cos(h) - 45cos(2h) - 15cos(3h) - 10cos(4h))

곡면(3cos(u), 16sin³(v) sin(u), (13cos(v) - 5cos(2v) - 2cos(3v) - cos(4v)) sin(u), v, -3.14159, π, u, 0, π) 으로 입력하면 입체로 표현된다.

참고로, 평면에서의 식은 아래와 같이 입력해주면 된다.
곡선(16sin³(t), 13cos(t) - 5cos(2t) - 2cos(3t) - cos(4t), t, -3.14159, π)

　지오지브라로 보여주는 하트와 파이썬으로 그리는 하트는 차이가 있다. 지오지브라는 식만 입력하면, 그림이 그려지지만, 파이썬은 거북이와 색, 범위 등을 일일이 지정해야 한다. 학생들은 파이썬을 다루면서 지오지브라가 표현한 그림이나 식에 대한 컴퓨터의 처리 방식을 이해할 수 있다.

스트링아트 ✎

　스트링아트는 수학 체험전, 수업 시간, 동아리 시간에 흔하게 한 번씩은 다뤄보는 주제다. 그래서 지오지브라나 알지오매스를 배우면 꼭 한 번씩은 경험한다. 다음 몇 가지 예를 보자.

```
from turtle import *
goto(0,0)
color('blue', 'yellow')
pensize(2)
begin_fill()
speed(0)
shape("turtle")
while True:
    forward(300)
    left(170)
    if abs(pos()) < 1:
        break
end_fill()
done()
```

```
import turtle as t
angle=88
n=100
d=170
# t.bgcolor("black")
t.color("blue")
t.speed(0)
for x in range(n):
    t.fd(d)
    t.lt(angle)
```

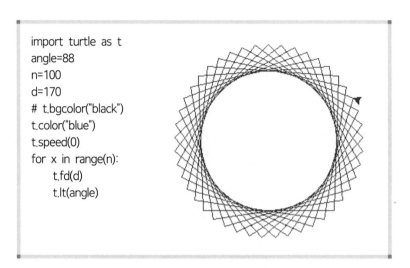

```
import turtle as t
angle=92
n=100
d=2
# t.bgcolor("black")
t.color("blue")
t.speed(0)
for x in range(n):
    t.fd(d)
    t.lt(angle)
    d=d+3
```

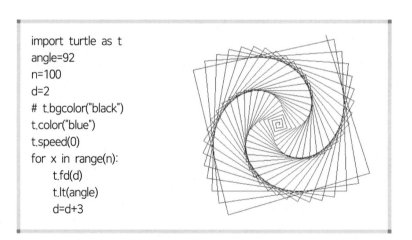

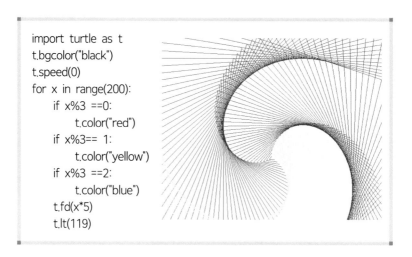

```
import turtle as t
t.bgcolor("black")
t.speed(0)
for x in range(200):
    if x%3 ==0:
        t.color("red")
    if x%3== 1:
        t.color("yellow")
    if x%3 ==2:
        t.color("blue")
    t.fd(x*5)
    t.lt(119)
```

앞의 네 가지는 수열과 잉여류로 만들어진다. 중학생부터 이 코딩을 한다고 했을 때, 고등학교에서 배우는 수열과 잉여류 개념을 무의식중에 학습하게 된다. 알지오매스 블록코딩으로도 다음과 같이 가능하다.

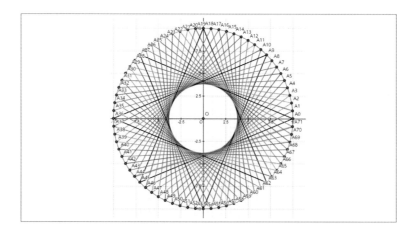

이 그림을 만들기 위한 다음 코딩을 보면 매우 단순해 보이지만, 실상은 그렇지 않다.

위 코드에 있는 핵심 수학 개념은 아래 두 가지다.

① 반지름이 10인 원 위에 삼각함수를 이용해서 72개의 점을 만든다. 점열 $\left(10\cos\left(i \times \dfrac{360}{n}\right), 10\sin\left(i \times \dfrac{360}{n}\right)\right)$로 표현한다.

② 잉여류 개념이 들어가 있다.
$A + (i+45)\%n$은 i+45를 n으로 나눈 나머지를 의미한다.

그러니까, 원래 블록을 쌓는 수준은 초·중학생이면 쉽게 만들 수 있지만, 이 코딩을 이해하고 만들기 위해서는 최소한 고등학교 2학년 수준 정도는 돼야 제대로 만들 수 있다.

만약 이것을 파이썬으로 표현하면 다음과 같다.

```
import turtle as t     # 거북이를 불러온다.
import math            # 수학 함수를 불러온다.
r=200                  # 반지름 설정한다.
t.shape("turtle")      # 모양을 거북이로 바꿔준다.
t.bgcolor("black")     # 배경을 검정으로 바꿔준다.
t.penup()              # 펜을 들어준다.
t.setpos(0,-r)         # 시작점 위치를 옮겨준다.
t.pendown()            # 펜을 내린다.
t.pencolor("red")      # 거북이의 자취를 빨강으로 바꿔준다.
t.dot(7,"yellow")
t.circle(r)               # 원을 그려준다.
t.penup()
t.setpos(r,0)
t.pendown()
# t.circle(100,steps=36)
for i in range(1,37):
    t.goto(r*math.cos(math.pi*2/36*i),
    r* math.sin(math.pi *2/36 * i ))
    t.dot(7, "yellow")
# 원의 36등분 위치에 점을 표시한다.
d=9
# 아래 for 문은 색을 바꿔주기 위한 구문으로 없어도 된다.
for i in range(1,38):
    if i%7==0:
        t.pencolor("red")
    if i%7==1:
        t.pencolor("pink")
    if i%7==2:
        t.pencolor("yellow")
    if i%7==3:
        t.pencolor("springgreen")
    if i%7==4:
        t.pencolor("blue")
    if i%7==5:
```

```
        t.pencolor("purple")
    if i%7==6:
        t.pencolor("deepskyblue")
    t.goto(r* math.cos(math.pi *2 /36 *i),
    r* math.sin(math.pi *2/36 * i ))
    t.goto(r* math.cos(math.pi *2 /36 *(i+d)),
    r* math.sin(math.pi *2/36 * (i+d) ))
# 거리 d인 점들을 서로 선분으로 연결해 준다. 돌아갈 때도 선분이 연결되도록
했다.
```

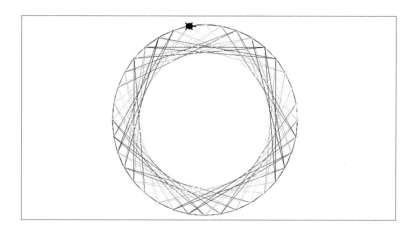

파이썬으로 이와 같은 그림을 만들려면 최소한 삼각함수와 잉여류를 알아야 한다. 블록코딩 도구는 프로그램 언어를 이해하거나 알 필요가 없지만, 여전히 수학지식은 필수다. 파이썬으로 하기 위해서는 알아야 하는 언어의 개수가 많다. 하지만, 파이썬 코딩을 통해서 블록 코딩에 대한 배경지식이 생길 수 있다는 것을 알 수 있다. 그리고 파이썬에서도 수학지식은 필수가 된다. 그러니까, 파이썬 코딩을 이해하고, 블록코딩을 지도하는 교사는 학생에게 실제 코딩 환경에 관해 이야기해 줄 수 있고, 프로그램 구성에 수학이 어떻게 필요한지를 이야기해 주기가 수월하다.

하지만, 이런 이점을 얻고자 파이썬 같은 프로그램을 모든 수학 선생님이 공부해야 한다면, 매우 어려운 문제라고 생각한다. 정보 선생님과의 융합 수업을 통해서 해결될 수 있는 부분이기도 하다. 또한, 코딩 학습의 핵심은 알고리즘의 학습이라고 생각한다. 복잡하고 어려운 코딩을 익히려고 하는 것은, 수학 수업에 컴퓨터를 도입하는 본질이 아니라고 본다. 수학에 코딩을 입히는 수업에 대해 생각을 할 때마다 떠오르는 말이 있다. '인생은 속도보다 방향이다.'라는 괴테가 남긴 유명한 말이다.

재귀 함수 ✏

재귀 함수를 이용해서 팩토리얼 계산이나, 피보나치 수열을 구할 수 있다. 손으로 계산하는 데 한계가 분명한 이 두 가지는 컴퓨터를 이용하기에 매우 적합하다.

```
def fact(n):
    fact=1
    for x in range(1, n+1):
        fact=fact*x
    return fact

재귀호출을 이용한 방법
>>> def fact(n):
        if n <=1:
            return 1
        return n*fact(n-1)
>>> fact(5)
120
```

```
k = int(input("어디까지 구할까?"))
a=[1,1]
for i in range(0,k):
    n=a[len(a)-2]+a[len(a)-1]
    a.append(n)
print(a,"항수: ", len(a), "합: ",sum(a))
```

피보나치 수열을 구할 때, 수학의 집합, 원소 개념이나 합성 합수 지식이 도움이 된다. 그리고 100번째 피보나치 수처럼 손으로 구하기 어려운 상황도 컴퓨터가 쉽게 해결해준다. 소인수분해나 소수 판별도 컴퓨터를 사용하면 좋다. 다음과 같이 만들어본 소인수분해 코딩이 있다.

```
x = int(input("소인수분해할 수"))
a = []
for i in range(1, x+1):
    if x % i == 0:
        a.append(i)
print(a)
```

소인수분해할 수224
[1, 2, 4, 7, 8, 14, 16, 28, 32, 56, 112, 224]

이 정도 코딩을 이해하기 위해 배워야 하는 시간은 단지 몇 분이면 된다고 얘기하면 과장이 아니다. 실제, 선생님 30분을 대상으로 해당 코딩을 불과 20분 만에 만들어봤는데, 스스로 만드는 것은 어렵더라도, 코딩을 이해하는 것은 충분했다. 이 코딩에는 수학의 버림, 집합, 수열 개념을 사용했다.

다음은 소수 구하기 코딩인데, 소인수분해처럼 간단한 몇 가지 지식만으로 누구나 쉽게 이해할 수 있다.

```
n=0
a=[]
x=int(input("어디까지 구할래?"))
for i in range(1,x+1):
    for j in range(1,i+1):
        if i%j ==0:
            n=n+1
    if n==2:
        a.append(i)
    n=0
print(a,'갯수: ', len(a))
```

```
어디까지 구할래?100
[2, 3, 5, 7, 11, 13, 17, 19, 23, 29, 31, 37, 41, 43, 47, 53, 59, 61, 67,
71, 73, 79, 83, 89, 97] 갯수:  25
```

거듭제곱수 ✏

알지오매스 사이트에 어떤 선생님께서 거듭제곱수 외우기라는 블록
코딩을 만들어 올려주셔서, 그것을 보고, 파이썬으로 만들어봤다.

```
import random
n=random.randint(11,19)
print(n, "의 제곱은?")
x = int ( input("답: "))
if x==n*n:
    print(n, "의 제곱은 ", x,"가 맞습니다.")
else:
    print("틀렸다. 답은 ", n*n, " 이다.")
```

프랙탈 도형 표현 🖊

지오지브라에서 만들기 제일 까다로웠던 그림이 프랙탈 도형들이다. 다 만들었어도, 다시 내가 만든 걸 봤을 때, 어떻게 만들었는지 생각이 나지 않을 정도였다. 그런데, 코딩은 매우 간단히 해결해준다. 알지오매스를 처음 봤을 때, 지오지브라보다 낫다고 생각했던 부분이 스트링아트, 프랙탈 도형이었다. 너무 쉽고 빠르게 표현되는 그림을 보면서 코딩 학습을 해야겠다는 생각이 들기 시작했다. 다음 그림은 알지오매스 연수에서 프랙탈트리 만드는 것을 가르쳐줬다고 해서, 다른 방식으로 파이썬으로 만들어본 건데, 의외로 알록달록 '단풍나무'처럼 나올 줄은 나도 몰랐다. 완전 초짜 프로그래머로서 내가 만든 코딩을 나중에 보면 잘 모르겠고, 결과물을 출력하기 전에는 상상이 쉽게 가지 않는다. 내가 수학식을 보면 그림이 떠오르고, 그림을 보면 식이 떠오르는 것처럼 진짜 프로그래머는 이 정도의 '이해'가 가능해야겠다는 생각에 너무 큰 존경심이 들었다.

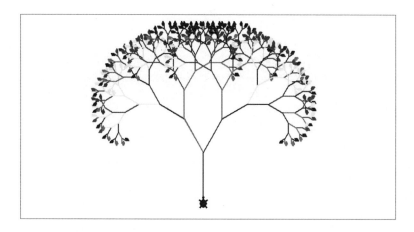

```
import turtle as t

fo = t.Turtle()
fo.left(90)
fo.speed(0)
# 속도를 가장 빠르게 한다.
fo.shape("turtle")
fo.color("green")
fo.pensize(2)
c=30 # 각도 설정
d=60 # 거리 설정

def draw(l):           # 함수를 정의한다.
    if (l<10):         # if문이 단풍나무 설정하는 부분.
        fo.begin_fill()
        if int(100*fo.ycor())%5 ==0:
            fo.color("red")
```

```
            if int(100*fo.ycor())%5 ==1:
                fo.color("yellow")
            if int(100*fo.ycor())%5 ==2:
                fo.color("blue")
            if int(100*fo.ycor())%5 ==3:
                fo.color("green")
            if int(100*fo.ycor())%5 ==4:
                fo.color("purple")
            fo.circle(3,steps=3)
            fo.end_fill()
            return
# 단풍잎 표현을 위해 마지막 단계에 삼각형을 그리도록 설정했다.
    else:
            fo.fd(l)
            fo.lt(c)
            draw(3*l/4)
            fo.rt(d)
            draw(3*l/4)
            fo.lt(c)
            fo.backward(l)
draw(100)
```

이 코딩을 처음 따라할 때, 코딩 실행과정이 너무 궁금했다. 그래서 같은 작업을 알지오매스에서 하면서, 중간에 실행과정을 관찰할 수 있는 요소를 넣었다. 실행과정 중간에 단계가 보이는 점이 찍히도록 블럭을 두었다. 이 팁은 정보 선생님께 도움을 받았다.

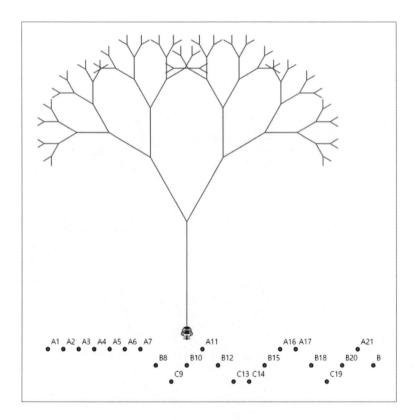

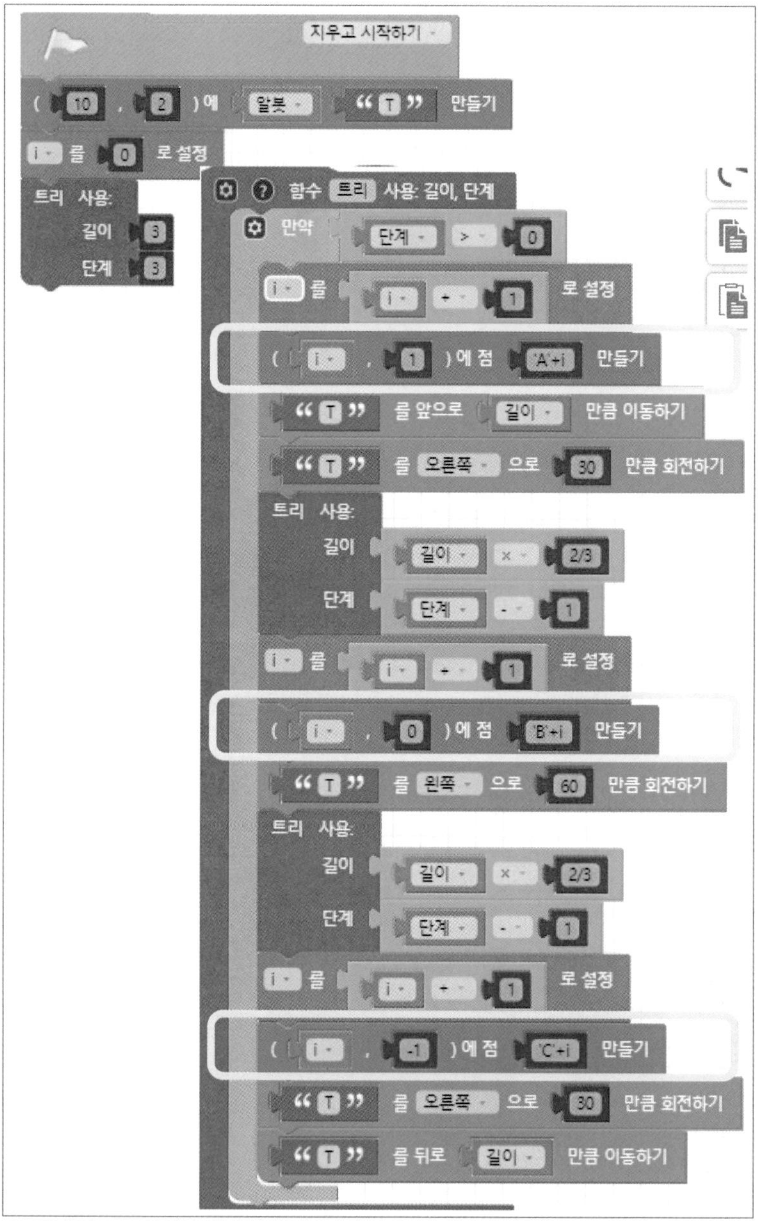
지우고 시작하기
(10 , 2)에 알봇 “T” 만들기
i 를 0 로 설정
트리 사용:
길이 3
단계 3
함수 트리 사용: 길이, 단계
만약 단계 > 0
i 를 i + 1 로 설정
(i , 1)에 점 'A'+i 만들기
“T” 를 앞으로 길이 만큼 이동하기
“T” 를 오른쪽 으로 30 만큼 회전하기
트리 사용:
길이 길이 × 2/3
단계 단계 - 1
i 를 i + 1 로 설정
(i , 0)에 점 'B'+i 만들기
“T” 를 왼쪽 으로 60 만큼 회전하기
트리 사용:
길이 길이 × 2/3
단계 단계 - 1
i 를 i + 1 로 설정
(i , -1)에 점 'C'+i 만들기
“T” 를 오른쪽 으로 30 만큼 회전하기
“T” 를 뒤로 길이 만큼 이동하기

해당 코드는 함수의 실행단계와 위치를 확인하기 위해서 중간에 점을 찍도록 하는 블록을 세 군데 넣었다. 이렇게 특정 코드가 출력되도록 만들어서 실행 순서를 확인해주는 것은 코드를 이해하는 데 도움이 된다. 시어핀스키 삼각형도 비슷한 코드를 사용한다.

```python
import turtle as t

def tri(tri_len):
    if tri_len <= 10:
        for i in range(0, 3):
            t.forward(tri_len)
            t.left(120)
        return
    new_len = tri_len / 2
    tri(new_len)
    t.forward(new_len)
    tri(new_len)
    t.backward(new_len)
    t.left(60)
    t.forward(new_len)
    t.right(60)
    tri(new_len)
    t.left(60)
    t.backward(new_len)
    t.right(60)
t.speed(0)
tri(160)
t.hideturtle()
t.done()
```

[실행결과]

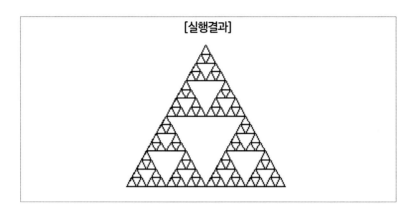

이미 그려져 있는 도형을 가지고, 길이, 넓이, 부피, 차원을 다루는 방식도 있지만, 스스로 만들어보는 활동에서도 수학적 사고력을 기를 수 있다.

다음은 코흐 곡선을 그리는 코딩이다.

```
import turtle as t

l=300
d=3
# 코흐곡선 그리기 위한 함수를 정의하는 구문
def koch(length, depth):
    if depth == 0:
        t.forward(length)
    else:
        koch(length/3, depth-1)
        t.right(60)
        koch(length/3, depth-1)
        t.left(120)
```

```
        koch(length/3, depth-1)
        t.right(60)
        koch(length/3, depth-1)
# 이 구문을 koch(l,d)로만 입력하면 두 지점으로 나타나는 코흐 곡선이 만들어
진다.
for i in range(1,4):
        koch(l,d)
        t.lt(120)
# 위 세 줄은 코흐 곡선을 삼각형 모양으로
만들어준다.
위 구문에서 120을 다양하게 바꿔서
만들어보는 것도 재밌다.
for i in range(1,10):
        koch(l, d)
        t.lt(135)
```

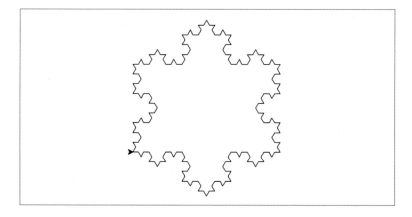

조금 변형했더니, 다음과 같은 도형이 그려지기도 했다.

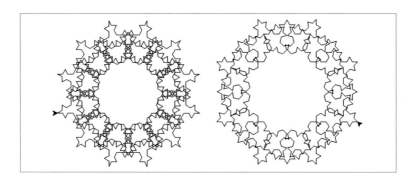

코흐곡선 만드는 건 의외로 쉽지 않아서 구글 검색의 도움을 받았다. 여기까지, 코딩으로 수학 시간에 할 수 있는 몇 가지 사례를 봤다. 이제는 교과서의 문제를 풀어보기로 하자.

서로 다른 두 개의 주사위를 던져서, 나온 두 눈의 수의 합이 소수일 확률을 구하시오.

```
import itertools as f47)
from fractions import Fraction48)

a=list(f.product([1,2,3,4,5,6],[1,2,3,4,5,6]))
all=len(a)
event=[]

for i in range(0,all):
    b=a[i]
    c=0
    d=b[0]+b[1]
    for j in range(1,d+1):
        if d%j == 0:
```

```
            c=c+1
    if  c==2:
           event.append(b)

d=len(event)
p=Fraction(d,all)
print("합이 소수인 경우: ", len(event),"가지 ")
print("사건: ", event)
print("합이 소수일 확률 = ", p)
```

```
합이 소수인 경우:  15 가지
사건: [(1, 1), (1, 2), (1, 4), (1, 6), (2, 1), (2, 3), (2, 5), (3, 2), (3, 4), (4,
1), (4, 3), (5, 2), (5, 6), (6, 1), (6, 5)]
합이 소수일 확률 =  5/12
```

이와 같은 방식으로 컴퓨터를 이용해서 수학 문제를 해결할 수 있다. 이것은 손으로 해결하는 과정을 컴퓨터라는 도구만 바뀌었을 뿐, 풀이의 아이디어는 같다.

이제 컴퓨터로 수학 수업을 할 때, 어떻게 사용하는 게 좋을지에 대해 결론을 이야기해보자. GSP를 사용하던 10여 년 전까지는 컴퓨터를 사용하는 수학 수업이 보편적이지는 않았다. 지오지브라가 무료로 보급되면서 수학 수업에 공학 도구가 접목되는 것이 당연시됐다.

여기서, 내가 경험한 문제점은, 내가 아는 것을 학생에게 가르쳤다는 것이다. 학생이 수업을 통해 어떤 배움이 있고, 졸업 후 학생이 이

---

47) 순열, 조합 등을 나타낼 수 있다.
48) 파이썬에서 결괏값이 분수로 표현하도록 해 준다.

것을 통해 어떻게 사용할 수 있을지에 대한 고민까지 생각해야 했지만, 그때는 알지 못했다. 사이클로이드 곡선 작도를 내가 할 줄 알면, 학생들에게도 가르치고, 이 경험을 통해 어떤 배움이 있고, 졸업 후 학생의 삶에 어떤 영향을 미치게 될지를 생각하지 않았다. 언젠가 살다 보면, 다 써먹게 돼 있다는 말이나, 대학가려면 필요하다는 말은 하고 싶지 않다. 내가 가르쳤던 지식의 일부는 언젠가 써먹겠지라는 막연한 생각에 가르쳤을지 모른다. 그리고, 학생의 진로와 맞지 않아서, 전혀 의미가 없었을지도 모른다.

공학 도구를 다루면서 나는 어떤 교사였을까?

① 교사가 공학 도구 사용의 전문가가 돼서, 내가 아는 것을 학생들에게 가르치는 교사
② 수학 수업의 이해와 탐구를 위해 공학 도구를 이용하고, 이것을 통해 학생의 배움과 삶이 연결되는지 고민하는 교사

두 가지 방향성이 전혀 다른 의미이긴 하지만, 어느 하나가 더 좋은지는 생각이 깊어진다. 교사가 열심히 공부해서 많이 아는 것도 좋은 것이고, 수업 시간에 다양한 방식으로 소개하고, 이야기를 해줄 수 있는 것도 좋다. 다만, 경계해야 하는 것은 ① 배움의 과정을 생각하지 않고, 산만하게 이것저것 가르치는 것, ② 교사의 지식에 집중하는 것(학생의 배움을 생각하지 않는 것), ③ 교육과정을 마음대로 해석하는 것, 이 세 가지 정도는 주의해야 한다고 생각하고 있다. 이와 같은 맥락에서, 인공지능 수학이나 기초가 교육과정에 들어올 때, 막연히 써먹을

지식이 아니라, 명확하게 학생의 삶에 도움이 되는 핵심 지식이 전달되면 좋겠다.

한 학생이 찾아와서 허프만 코딩[49]을 주제로 정해서 발표하고 싶다고 도움을 요청했다. 허프만 부호화의 원리밖에 모르는 내가 지식적인 면에서 학생보다 나을 게 없다. 학생은 인터넷에서 배우고 보고서를 작성해 올 것이다. 다만, 학생이 나에게 온 것은 수학적인 부분에서 도움을 받고자 했을 것이다. 학교에서 기초 지식을 잘 갖춰서 사회로 내보낸 학생은, 어떤 분야의 진로를 선택하든 자신의 분야에서 필요한 학습을 스스로 할 수 있다. 많은 양의 지식을 학생에게 전달할 필요가 없는 시대라고 생각한다. 만약 줄 세우기 평가만 없다면, 반복 연습과 숙달도 줄일 수 있고, 학생의 마음을 성장시킬 수 있는 수업도 많아질 수 있지 않을까? 내가 수학 수업에서 노력해야 하는 것은 수학에서 기초가 되는 지식과 가치, 생각의 성장이라고 본다.

---

49) https://en.wikipedia.org/wiki/Huffman_coding

제 **9** 장

×

미분

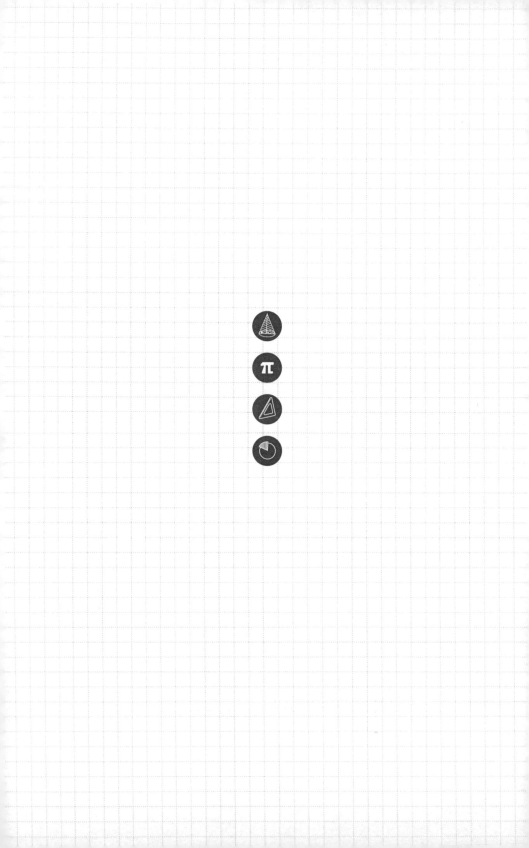

이번 장은 학생들이 "미적분에 사용하는 성질들 좀 정리해서 올려주세요."라고 해서 만들었다. 학생들은 수학의 성질을 신기해한다. 수학의 논리와 성질이 증명되지 않은 채 사용할 때, '요령'이나 '편법'쯤으로 생각하기도 한다. 하지만, 이런 호기심이 수학에 관한 관심으로 이어지고, 수학을 좋아하는 학생이 많아졌으면 좋겠다는 생각도 한다. '크래머의 룰'과 같이 교육과정상 배울 수 없는 것을 단지, 요령처럼 가르쳐서 풀이를 연습시킨다면 수학의 본질을 왜곡하는 문제가 있다고 본다. 하지만, 지금부터 다루는 것들은 원리를 이해하고, 정확한 증명을 통해서 지식을 적용하고 확장하기 위함이다. 미적분의 광범위한 영역을 모두 실을 수는 없었다. 많이 알려지고, 잘 사용하는 성질을 실었다. 여기에도 증명은 하지 않고, 이유에 관해서 설명만 했다.

역함수의 미분법 ✏️

내가 가지고 있는 교과서의 역함수의 미분법에는 그래프가 나오지 않는다. 식으로만 해결하고 연습하도록 나와 있다. 이것을 그림으로도 보여주고 싶었다. 지식을 머릿속에 이미지로 가지고 있으면, 암기하지 않아도 쉽게 떠올릴 수 있을 거로 생각했다.

관찰하기 쉽고, 역함수를 가지는 일대일 대응 함수를 찾아야 했기 때문에, 지수함수와 로그함수로 만들었다. 다음 그림이 그 결과물이다.

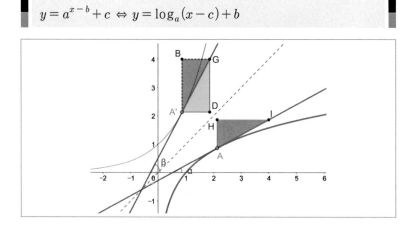

$$y = a^{x-b} + c \Leftrightarrow y = \log_a(x-c) + b$$

역함수의 미분에서 핵심이 되는 기하적 내용인 두 접선이 x축과 이루는 두 각의 합이 90도가 된다는 것을 쉽게 관찰할 수 있다.

$$\alpha + \beta = 90° ^{50)}$$

---

50) 두 각의 합이 90도가 된다는 것을 관찰했다고 해서, 증명된 것은 아니다. 이 부분도 나중에

이기 때문에, 두 접선의 기울기

$$\tan\alpha(= \mathrm{f}'(\mathrm{A})),\ \tan\beta(= \mathrm{f}'(\mathrm{A}'))^{51)}$$

에 대해서,

$$\tan\alpha \times \tan\beta = \tan\alpha \times \tan(90-\alpha) = \tan\alpha \times \frac{1}{\tan\alpha} = 1$$

이 된다. 즉, 다음과 같은 결론을 그림에서 얻을 수 있다.

> $\mathrm{f}'(\mathrm{A}) \times \mathrm{f}^{-1'}(\mathrm{A}') = 1$
> 즉, 두 접선의 기울기의 곱은 항상 1이다.

그리고 이렇게 도형을 관찰하면서 성질을 발견하는 과정을 거치면, 기울기와 관련되는 삼각형 A'DG와 삼각형 A'GB의 관계를 볼 수도 있다. 서로 대칭이어서 기울기가 역수 관계 $\frac{y}{x} \leftrightarrow \frac{x}{x}$ 임이 보인다.

이렇게 그림으로 설명하고, f와 역함수 g에 대해서,

증명을 해줘야 한다.
51) f(A)라는 표현은 바르지 않다. f(x(A))라고 표현해야 옳지만, 그림의 맥락을 이해하는 과정을 쉽게 표현하고자 일부러 x를 뺐다.

$$f(g(x)) = x,$$
$$f'(g(x)) \cdot g'(x) = 1,$$
$$\therefore \quad g'(x) = \frac{1}{f'(g(x))}$$

수식으로 정리하는 방법은 어떨까? 물론, 역함수의 미분이 대칭이니까, 당연한 거 아니냐고 하면, 이런 활동도 의미가 없게 되겠지만, 다음 장면을 보자.

지수함수 로그함수의 미분 시각화 ✏

$y = 2^x$ 로 예를 들어서 생각해보자.

$$(a^x)' = a^x \ln a$$

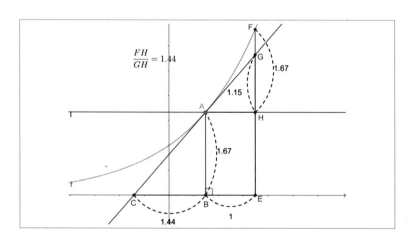

여기서 제일 먼저 눈에 띄는 1.44라는 수치는 $\dfrac{1}{\ln 2}$ 이다. 점 A를 움직여도 선분 CB의 길이는 항상 일정하게

$$\dfrac{1}{\ln 2} \text{ 52)}$$

임을 관찰할 수 있다. 선분 AB의 길이(1.67)는 함숫값 2^x 에 해당한다. 그래서, 선분 CA의 기울기(미분계수)는

$$\dfrac{\text{AB}}{\text{CB}} = \dfrac{2^x}{\dfrac{1}{\ln 2}} = 2^x \ln 2$$

가 된다는 것을 알 수 있다. 이 과정에서 우리는 한 가지 성질을 관찰했다.

선분 CB의 길이는 $\dfrac{1}{\ln a}$ 로 일정

그리고 단위 선분 BE는 직선의 함숫값 변화와 지수함수의 함숫값 변화를 비교하기 위해 만들었다. 결국, $\dfrac{\text{FH}}{\text{GH}}$ 가 직선과 지수함수의 함

---

52) a^x 로 바꾸면, $\dfrac{1}{\ln a}$ 가 된다.

숫값의 높이차에 대한 변화율이 되는데, 이 값도 $\dfrac{1}{\ln a}$ 로 일정하다는 것을 알 수 있다.

이제 미분계수의 정의를 이용해서 표현해보면,

$$\lim_{h\to 0}\frac{2^{x+h}-2^x}{h}=\lim_{h\to 0}2^x\frac{2^h-1}{h}=2^x\lim_{h\to 0}\frac{2^h-1}{h}\ \text{이 된다.}$$

$$\lim_{h\to 0}\frac{2^h-1}{h}=\ln 2\ \text{[53)]}$$

임을 알 수 있고, 이것을 일반화하면,

$$\lim_{h\to 0}\frac{a^h-1}{h}=\ln a\ \text{이 된다.}$$

지수함수의 역함수인 로그함수는 같은 방식으로 이해하면 된다. 그림과 함께 이해하는 방식에서는, 이 과정에서 부수적으로 나타나는 다른 것들을 다양하게 관찰할 수 있다.

이것은 로그함수의 그래프에서도 마찬가지다. 동일한 수치로 나타나는 것을 확인할 수 있다.

---

53) 엑셀에서 연산을 통해서 확인할 수 있다.

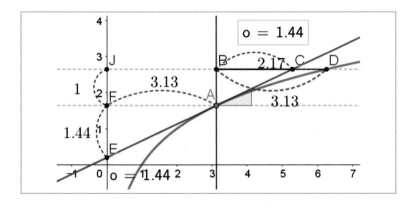

삼차, 사차 함수 ✎

삼차 함수는 미분하면 이차 함수, 적분하면 사차 함수로 2, 3, 4차 함수 간의 연결고리가 된다. 삼차 함수의 성질을 단지 요령이나 편법으로 알지 않기를 바라는 마음으로 정리해봤다. 여기서도 증명은 하지 않고, 이해를 위한 설명만 하고 있다.

1. 삼차 함수 $f(x) = x^3 + ax^2 + bx + c$, $g(x) = mx + n$가 그림과 같이 세 점에서 만난다고 하자.

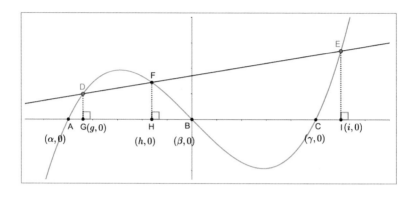

$f(x)=0$의 세 근의 합은, $\alpha + \beta + \gamma = -a$

$f(x) - g(x) = x^3 + ax^2 + (b-m)x + (c-n) = 0$에서,

세 근의 합은 g+h+i$=-a$이다. 즉,

---

① 삼차 함수 $f(x)$와 일차함수 $g(x)$에 대해,
  $f - g = 0$의 세 근의 합은 항상 $(-a)$로 일정하다.

※ 변곡점의 위치는 $-\dfrac{a}{3}$으로 일정하다.

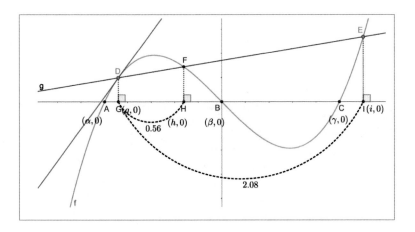

2. 앞의 그림에서 삼차 함수와 직선의 교점 D에 접하는 접선 l(파란
색 선)이 있을 때, l의 기울기(미분계수)를 구해보자.

우선, $h(x) = f(x) - g(x) = (x-g)(x-h)(x-i)$라고   하면,
$h'(g) = (g-h)(g-i)$가 된다.

원래 식에서, $h'(x) = f'(x) - g'(x) = f'(x) - m$ 였기   때문에,
$h'(g) = f'(g) - m$이라는 것을 알 수 있다.

그래서 우리가 구하는 값은,

$f'(g) = h'(g) + m = (g-h)(g-i) + m$ 임을 얻을 수 있다. 이와
같은 방식으로,

---

② $f'(g) = h'(g) + m = (g-h)(g-i) + m$
③ $f'(h) = (h-g)(h-i) + m$
④ $f'(i) = (i-g)(i-h) + m$
참고로, 최고차항의 계수를 1로 놓고, 설명했다.

만약 직선의 기울기 $m = 0$(또는 x축)이라면, 세 교점 사이의 거리의 곱이 미분계수가 된다는 것을 확인할 수 있다.

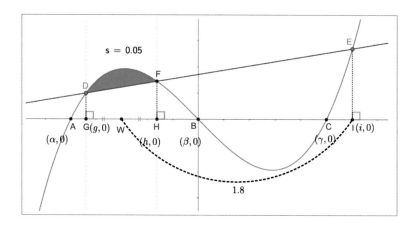

3. 해당 그림에서 G부터 H까지의 곡선 f와 직선 DF로 둘러싸인 부분의 적분(넓이)을 구해보자.

$$\int_g^h f - g\,dx = \int_g^h (x-g)(x-h)(x-i)\,dx$$ 를 CAS계산기로 계산했다.

인수분해[적분[(x-g)(x-h)(x-i), g, h]]

$$\rightarrow (h-g)^3 \cdot \frac{2i-h-g}{12}$$

여기서, 이차 함수의 넓이 공식인 $\frac{1}{6}(\beta - \alpha)^3$와 맞춰 정리하면,

$\frac{1}{6}(h-g)^3(i-\frac{g+h}{2})$이 된다. 이차 함수의 넓이 공식에 중점에서

다른 한 점까지의 거리를 곱한 값이 적분 값이 된다.

⑤ 삼차 함수와 일차함수로 둘러싸인 부분의 넓이(적분)는

$\frac{1}{6}(h-g)^3(i-\frac{g+h}{2})$로 표현된다.

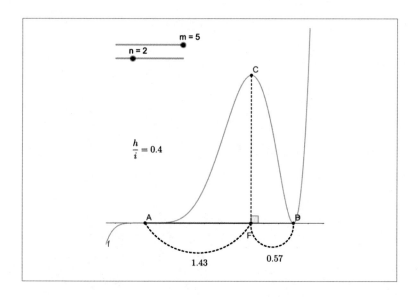

4. 해당 그림은 $(x-\alpha)^m(x-\beta)^n$에서 극점의 위치는 $\alpha:\beta=m:n$인
   내분점에 위치한다는 내용을 설명한다.
   CAS 계산기를 이용해서 몇 가지 확인해보면 간단히 이유를 알 수
   있다.

▸ CAS	
1	인수분해[미분((x-α)^m * (x-β)^n)] → $m\,(-\alpha+x)^{m-1}\,(-\beta+x)^{n}+n\,(-\alpha+x)^{m}\,(-\beta+x)^{n-1}$
2	인수분해[미분((x-α)^2 * (x-β)^1)] → $(x-\alpha)\,(3x-\alpha-2\beta)$
3	인수분해[미분((x-α)^2 * (x-β)^2)] → $2\,(x-\beta)\,(x-\alpha)\,(2x-\alpha-\beta)$
4	인수분해[미분((x-α)^3 * (x-β)^1)] → $(x-\alpha)^2\,(4x-\alpha-3\beta)$

1번 계산에서 한 번 더 인수분해를 해주면,

$$(x-a)^{m-1}(x-b)^{n-1}\{m(x-b)+n(x-a)\}$$
$$= (x-a)^{m-1}(x-b)^{n-1}\{(m+n)x-(mb+na)\} \text{ 이다.}$$

여기에서 근이 $x=\dfrac{mb+na}{m+n}$ 로 $a:b=m:n$ 인 내분점이라는 것을

확인할 수 있다.

⑥ $(x-a)^{m}(x-b)^{n}$ 의 $a<x<b$ 에서 극값의 위치는 a, b 를 $m:n$ 으로 내분하는 위치에 있다.

2번 계산은 3차식에서 2차식과 1차식의 곱으로 표현했을 때, 2:1 내분점이 되는 것을 확인한 것이고, 3번 계산은 4차식에서 2차식과 2차식의 곱으로 인수분해 됐을 때, 4번 계산은 4차식에서 3차식과 1차식

의 곱으로 인수분해 됐을 때, 내분점의 위치에 극값이 있다는 것을 확인한 연산이다.

5. 다음 그림을 보면, 삼차식에서의 접선에 관한 수치가 그려져 있다.

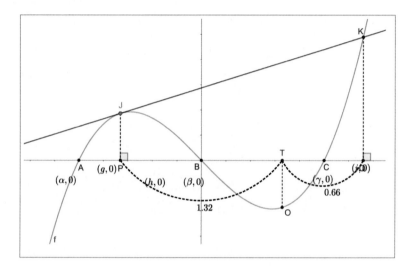

해당 그림은 삼차 함수 위의 점 J에서 그은 접선이 삼차 함수와 점 K에서 다시 만나는 상황이다. 이때, $g(x) - f(x)$는 선분 PQ를 2:1로 내분하는 점 O에서 극값을 갖는다.

이것을 이해하기 위해서, 이차 함수와 삼차 함수의 적분 관계부터 살펴보기로 하겠다. 이차 함수는 삼차 함수의 미분이고, 삼차 함수는 사차 함수의 미분이기 때문에, 적분이 미분전 함수의 높이차라는 이야기를 이전 장에서 다뤄봤다. 이 이야기를 다시 꺼내야겠다.

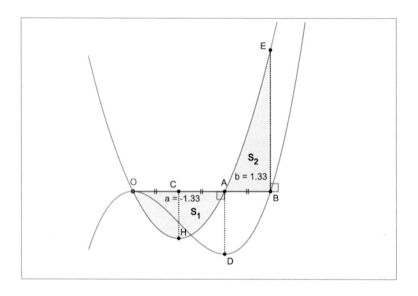

그림에는 삼차 함수(초록색 선)를 미분한 이차 함수(주황색 선)가 함께 그려져 있다. ⑥번 성질에 의해서 O와 B를 2:1로 내분하는 위치인 A 위치에 극점 B가 있는 상황이 확인된다. 이전 장에서 $\int_a^b f'(x)dx$ $= f(b) - f(a)$의 의미에 관해서 살펴봤었다. 미분하기 전 f의 |높이 차|가 미분한 함수에서 넓이가 된다는 내용이었다. 다시 위의 그림을 보자.

O에서 A까지 적분과 A에서 B까지 적분 값이 있는데, 그 크기가 같다. 이유는 미분하기 전인 삼차 함수(초록색 선)에서 O지점과 A지점의 높이 차이가 A지점과 B지점의 높이 차이와 같기 때문이다.

⑦ 이차 함수와 직선으로 나뉜 두 영역이 그림과 같을 때, $OA : AB = 2 : 1$ 이면, 색칠한 두 영역의 넓이가 같고, $2S_1 = S_2$가 된다.

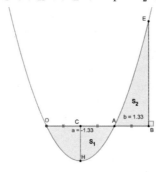

6. 다음 성질을 알아보기에 앞서 $y = x^n$의 그래프에서 넓이 관계를 이해해 보기로 하자.

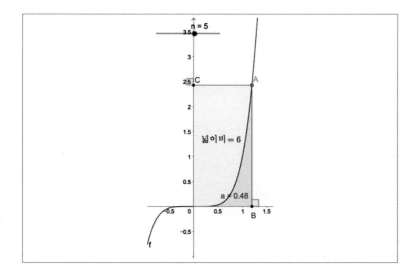

x^m의 적분은 $\dfrac{x^{(m+1)}}{(m+1)}$[54]이고, 구간 [0,1]에서 적분 값은 $\dfrac{1}{m+1}$이다. 즉, 앞의 그림처럼 사각형 OCAB 전체 넓이가 $m+1$일 때, 색칠한 곡선 아랫부분의 넓이는 1이 된다. 이것을 일반적으로 표현하면, 그림과 같은 $y=x^n$ 그래프에서,

> 사각형 넓이: 색칠한 영역 넓이 $= m+1:1$

의 비율이 된다는 것을 알 수 있다.

7. 해당 성질을 이해했다면, 다음 이차 함수(또는 포물선도 해당)의 성질을 이해할 수 있다.

다음 그림에는 이차 함수 밖의 점 A에서 곡선에 그은 두 접선과 접점 B, C를 지나는 직선이 있다. 이때, "삼각형 ABC의 넓이:색칠한 부분의 넓이=3:1로 일정하다."라는 성질이 있다.

---

54) 적분상수 생략.

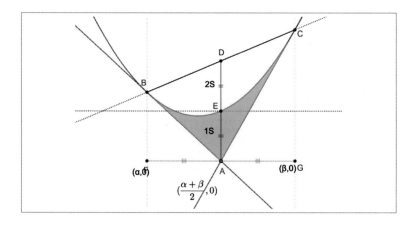

현재 그림에서 성질을 관찰하기 어려우므로 A의 위치를 옮겨서 선을 축과 평행하도록 배치한 다음 그림을 보자.

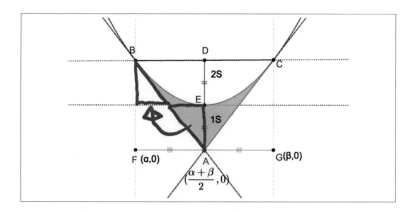

앞의 그림에서 초록색 사각형 영역을 보자. 아래쪽의 파란색 삼각형을 떼어 빨간색 영역에 붙이면, 초록색 영역의 직사각형이 된다. 바

로 전에 다룬 x^n의 적분의 성질을 떠올려 보자. 포물선은 x^2이기 때문에, 2:1의 넓이비가 된다는 것을 직관적으로 이해할 수 있다.

8. 삼차 함수는 변곡점에 대한 대칭이기 때문에 이와 관련한 다양한 성질들이 있다.

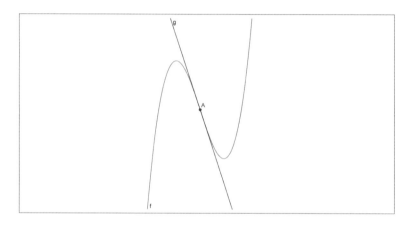

해당 그림의 A가 변곡점$(x = -\dfrac{\text{세근의 합}}{3})$이고,

$$f'(변곡점) \leq f'(x)^{55)}$$

가 성립한다.

---

55) 최고차항의 계수가 양수일 때 상황이며, 한글로 적은 것은 직관적 이해를 돕기 위함이다. 삼차 함수의 성질을 다루고 있는 이번 장에는 직관적인 이해를 돕기 위해 수학적으로 논리에 맞지 않는 표현들이 있다.

그리고, 다음 그림처럼 8개의 사각형 영역으로 나누어보면, 대칭성을 이용해서 넓이를 구하거나 길이 관계, 비율을 쉽게 알 수 있다. 다음의 성질들은 삼차 함수가 가지는 변곡점에 대한 대칭성과 관련이 있다.

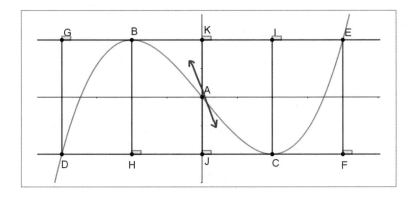

다음 그림에는 변곡점에서의 접선(빨간 선)과 다른 두 근에서의 접선(파란 선)이 그려져 있다. 이 그림처럼 변곡점 B에 대칭인 상황에서 자주 사용하는 성질은, 다음과 같다.

⑧ $|f'(A)| = |f'(C)| = |f'(B) \times 2|$[56]

---

[56] A, B, C를 근으로 생각하자. 직관적인 부분에 초점을 두느라, A의 x좌표라고 표현하지 않은 것은 이해를 부탁한다.

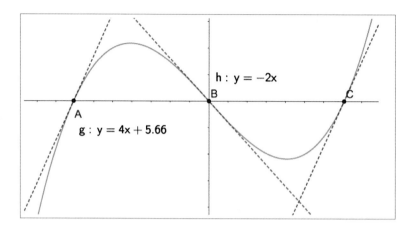

즉, $|f'(A)|$는 변곡점에서의 접선의 기울기의 두 배의 크기를 가진 다. 이유는, 두 점 A, B 사이의 거리를 l이라고 하면, $|f'(A)|$ $= l \times 2l = 2l^2$, $|f'(B)| = l \times l$로 간단히 구해볼 수 있다.

⑨ 삼차 함수와 변곡점에서의 접선 위의 점에서 삼차 함수에 그은 접선의 개수는 2개다.
(단, 변곡점에서는 1개)

다음 그림에 영역별로 그을 수 있는 접선의 개수를 표기했다.

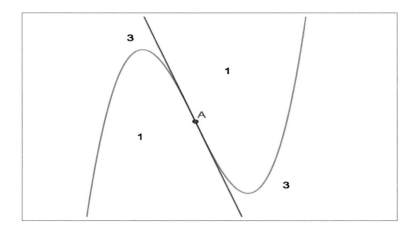

이제 사차 함수로 차수를 올려보자. 사차 함수의 성질을 이해하는 가장 기본이 되는 질문을 해야 한다.

아래 그림과 같이 사차함수 $p(x)$에서 곡선의 아래쪽으로 볼록한 두 부분에 동시에 접하는 접선을 그리려면 어떻게 해야 할까? 충분히 생각한 후, 다음 장으로 가보자.

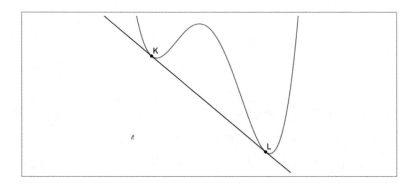

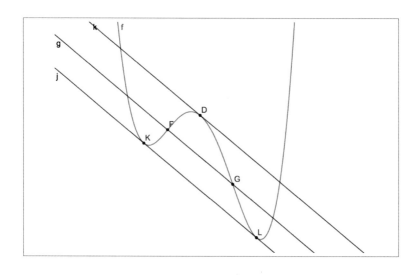

해당 그림의 F, G는 변곡점이다. 변곡점을 지나는 직선 l을 구한 후, $p(x) - l(x)$의 극값에 해당하는 두 점 K, L을 이어주면 동시에 접하는 직선을 그릴 수 있다.

사차 함수의 성질은 앞의 그림을 바탕으로 만들어지는 것들이 다수이고, 삼차 함수와의 관계에서 발견되기도 한다. 하지만, 이 책에서는 증명을 다루지 않으려고 해서, 싣지 않았다.[**] 만약, 성질에 대한 증명이 없는 상태에서 설명조차 하지 않고, 단지 소개만 한다면 이 책의 의도를 너무 벗어나게 된다. 이 책은 교과서에서 다룰 수 있는 '생각'에 대한 경험과 방식에 관한 이야기를 싣고 있다. 이 같은 글의 의도를 지키고 싶다.

그래서, 여기까지만 성질을 다루고 끝맺음하겠다. 이런 성질을 찾는 것은 흥미롭고 재밌는 일이다. 어떤 수학 문제를 풀더라도 성질인지 확인해보려는 습관이 있다. 하지만, 요즘 고등학생들은 내 학창 시절보다 더 많은 역량이 있어야 하기에 이런 것에만 매달릴 수 없다. 주중에는 공부하고, 주말에 봉사활동, 급식 시간에는 동아리 활동, 학생회 활동, 수행평가 등으로 지친 학생들에게 조금이나마 도움이 됐으면 좋겠다.

부록

★ 예시에 있는 스트링아트는 알지오매스 블록코딩으로 만든 그림이다. 이 밖에 알지오매스를 통한 다양한 예시자료를 알지오매스 홈페이지에서 무료로 모두 볼 수 있다.

★★ 아래에 사차 함수의 성질을 세 가지 넣어봤다. 이렇게 증명 없이 성질을 다루게 되는 것은 이 책이나 글의 의도를 벗어난다는 뜻에서 실어봤다.

다루기 편한 사차 함수의 그림으로 바꿔서 생각해보자. 우선, 가장 많이 사용하는 성질인 아래 그림을 보자.

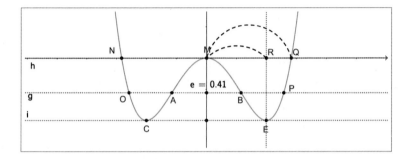

점 M에서 극점의 x좌표 R과 근 Q의 거리의 비가 $1 : \sqrt{2}$ 라는 것을 확인할 수 있다.

두 번째 성질은 넓이의 비에 관한 문제다. 아래 그림의 색칠한 부분의 넓이를 알아야 하는 상황이 많이 있어서 성질로 알아둬도 괜찮다.

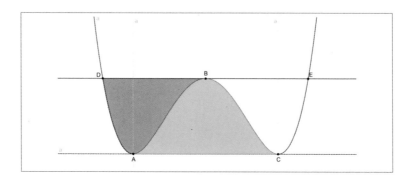

① 초록색 영역의 넓이 = $\sqrt{2}$ ×주황색 영역의 넓이

아래 그림에서, 두 점 A, B는 변곡점이다.

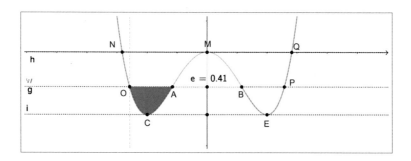

② 노란색 영역의 넓이 = 2 ×빨간색 영역의 넓이

이 같은 이유는, 아래 그림처럼 f(x)-g(x)를 적분한 5차 함수 (파란색 선)의 그래프를 통해서 확인할 수 있지만, 이것을 다루는 것이 책의 수준에 적합하지 않아서 작성하지 않는다.

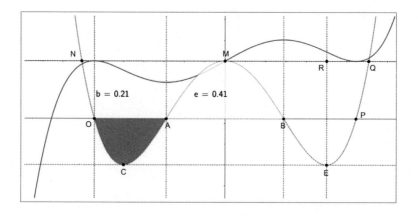

이 책은 증명하거나, 수학의 어떤 성질을 소개하는 책이 아니라, 교과서를 통해서 생각하는 이야기를 담고 있다.